"十四五"时期国家重点出版物出版专项规划项目

山西草业发展战略、创新进展及应用

◎ 侯向阳　主编

中国农业科学技术出版社

图书在版编目(CIP)数据

山西草业发展战略、创新进展及应用 / 侯向阳主编 . --北京：中国农业科学技术出版社，2024. 11
ISBN 978-7-5116-6651-2

Ⅰ. ①山…　Ⅱ. ①侯…　Ⅲ. ①草原资源-研究-山西　Ⅳ. ①S812

中国国家版本馆 CIP 数据核字(2023)第 256652 号

责任编辑　周　朋
责任校对　王　彦
责任印制　姜义伟　王思文

出 版 者　中国农业科学技术出版社
北京市中关村南大街 12 号　　邮编：100081
电　　话　(010) 82103898 (编辑室)　　(010) 82106624 (发行部)
(010) 82109709 (读者服务部)
网　　址　https://castp.caas.cn
经 销 者　各地新华书店
印 刷 者　北京建宏印刷有限公司
开　　本　185 mm×260 mm　1/16
印　　张　12　　彩插　12
字　　数　300 千字
版　　次　2024 年 11 月第 1 版　2024 年 11 月第 1 次印刷
定　　价　88. 00 元

《山西草业发展战略、创新进展及应用》

编 委 会

主　　编： 侯向阳

编写人员（按姓氏拼音排序）：

岑慧芳	池惠武	邓永攀	董一丁	杜利霞
方志红	高昌宇	高　鹏	高文俊	郭玉平
侯东来	蒋奇伸	康佳惠	李春艳	廖明旺
刘建宁	乔　栋	秦士利	任国华	石永红
佟莉蓉	王　曦	武志军	夏方山	许庆方
杨　轩	杨志斌	杨子森	尹燕亭	张　婷
张元庆	赵晶云	赵诗梦	郑敏娜	朱慧森

目　录

小草大业：山西草业大有可为

侯向阳　李春艳　尹燕亭

（山西农业大学草业学院）

摘要：本文以牧草体系专家长期在山西实地工作和调研为主要资料来源，对山西省饲草产业现状和突出问题，特别是草牧业全产业链中的关键“卡脖子”问题，进行了系统归纳总结、凝练和梳理，提出了我省饲草产业的发展对策以及饲草产业技术体系的重点工作。本文旨在为专家全面了解山西省牧草产业发展状况和明确责任目标提供参考，同时也为政府制定相关政策提供科学依据。

关键词：林下草地畜牧业；饲草加工；乡土草品种繁育

引言

山西地处黄河流域中部，全省总面积 15.67 万 km^2，占全国总面积的 1.6%，地势东北高西南低，疆域轮廓呈东北斜向西南的平行四边形，南北狭长，全省总长682 km，东西宽 385 km。地貌类型复杂多样，包括山地、丘陵、台地和平原，山多川少，其中山地、丘陵面积占全省总面积的 80.1%，平川、河谷面积占总面积的 19.9%。全省耕地6 102.6万亩①、园地 623 万亩、林地7 308.7万亩、草地6 175.6万亩，耕地中 25°以上坡耕地 519.8 万亩。全省约有采空区和沉陷区8 000 km^2，因采矿而损毁的土地面积达到了 685.5 万亩，矿区复垦率仅约 10%；沿黄河滩涂地约有 60 万亩，盐碱地 450 万亩。可见，山西省饲草种植及草产业发展潜力巨大。

1　山西省饲草业发展现状和突出问题

自 2016 年以来，山西省先后出台了一系列关于雁门关农牧交错带示范区建设的实施意见、政策和条例。2016 年 11 月，农业部发布了《关于北方农牧交错带农业结构调整的指导意见》，将山西省雁门关农牧交错带列为北方农牧交错带重点区域之一。2017 年山西省委省政府作出建设雁门关农牧交错带示范区的重大决策，并将其列入三大省级

① 1 亩≈667m^2。全书同

战略，成立了雁门关农牧交错带示范区建设工作推进组，印发了《关于雁门关农牧交错带示范区建设的实施意见》。2018 年，山西省政府又发布了《雁门关农牧交错带示范区建设 2018 年行动计划》，提出要进一步深化雁门关区域农业结构调整，加大饲草发展力度，将雁门关区域打造成为我国北方农牧交错带的样板区。这一系列实施意见、政策和条例的出台，推进了山西省草业和草食畜牧业迈入新阶段。

1.1 山西省饲草业发展现状

“十三五”期间，山西省紧紧抓住国家草牧业和“粮改饲”的战略机遇，先后出台了一系列雁门关农牧交错带示范区建设实施意见、政策和条例，以苜蓿、青贮玉米、燕麦草为主的饲草产业发展势头强劲，草业不断向专业化、规模化、标准化的道路迈进，草产业雏形初步形成，并取得了显著成效。截至 2021 年底，全省优质饲草种植面积达到 267. 5 万亩，居全国第 9 位，饲草总产量达到 526. 5 万 t，饲草种植加工企业达到 263 家，年加工能力 1 260万 t，饲草产业总产值达到 13. 6 亿元。雁门关农牧交错带是全省饲草生产的重点区域，截至 2021 年底，全区饲草种植面积达到了 230. 1 万亩，占全省饲草种植面积的 86%。其中，种植苜蓿 39 万亩、青贮玉米 135. 7 万亩、燕麦草 25. 4 万亩，其他饲草 30 万亩，草业总产值达到 10. 25 亿元。

1. 1. 1 产业素质明显提高

全省 85%的全株青贮玉米通过种养一体或订单收购方式生产和销售，95%的优质苜蓿基地由专业化饲草生产加工企业建设，生产组织化程度明显提升。全省饲草种植加工企业数量达到 263 家，饲草产品质量稳步提升，80%的全株青贮玉米达到良好以上水平，70%的苜蓿达到二级以上水平。优质饲草产品销售到蒙牛、伊利、光明乳业、恒天然和君乐宝等大型畜牧养殖企业，树立了山西省饲草品牌效应。

1. 1. 2 生产模式多元发展

充分利用山西省南北狭长、纬度气温相差较大的特点，引导雁门关区饲草龙头企业向农业生产条件较好的晋南地区发展，探索推广“南北互补、粮草兼顾、农牧循环”模式，积极开展麦后复播饲草，形成了“小麦+青贮玉米”“小麦+饲用大豆”“两茬青贮玉米+小麦”“青贮玉米+饲用燕麦”“青贮玉米+饲用小黑麦”等多种新型饲草生产模式，生产出玉米青贮、苜蓿青贮、苜蓿干草、燕麦干草、玉米秸秆草捆和谷子干草等产品，部分地区还生产小黑麦、燕麦青贮，以及高湿玉米、柠条和饲料桑等丰富多样的草产品，取得了经济效益、社会效益、生态效益共赢的良好成效。

1. 1. 3 支撑保障作用有效发挥

优质饲草供应的增加，有力支撑了牛羊规模养殖发展，促进了草食畜牧业提质增效。“十三五”期间，全省奶牛存栏 38. 2 万头，比 2015 年增长 79. 2%，奶产量 117 万 t，每产出 1 t 牛奶的精饲料用量减少 12%；全省肉牛存栏 79 万头、出栏 48 万头，比 2015 年增长近 2 倍；全省羊存栏 970 万只、出栏 573 万只，比 2015 年分别增长 58. 5%、

16.5%。草食畜牧业的高速发展离不开饲草产业的有力支撑。

1.1.4 综合效益不断显现

通过人工种草的实践证明，在耕地上发展饲草，实现了化草为粮，玉米籽粒和秸秆一起全株饲用，既保障了粮食播种面积，又提高了秸秆利用率，土地产出率提高30%左右。1亩优质高产苜蓿提供的蛋白相当于2亩大豆，种植苜蓿还能有效改善土壤通气透水性能、增加有机质、提升地力。在盐碱地、滩涂上种植耐盐碱饲草品种，不仅增加了饲草供应，而且改良了土质，形成了土地增量。

1.2 山西省饲草业存在的突出问题

1.2.1 区域发展不平衡

山西省饲草产业主要表现为北强南弱。以雁门关区域为代表的北方地区，受传统生产习惯和国家政策影响，发展势头较好，饲草业已形成一定规模。而山西省南部区域受地理环境、技术水平、扶持政策等因素影响，饲草产业化发展滞后，没有形成饲草专业化生产的格局。

1.2.2 饲草规模种植难度大

饲草的规模化、产业化发展，必然需要集中连片的耕地。一方面，山西省人均耕地少，土地流转成本高、难度大，导致饲草种植土地难以集中连片，影响了饲草产业的规模化快速发展。另一方面，一些地方的领导担心种草与种粮争地影响粮食安全问题，在大力发展饲草产业上存在顾虑，饲草用地难以落实，一定程度上制约了饲草产业的快速发展。

1.2.3 牧草种源缺乏

长期以来，山西省牧草种植面积较大的苜蓿、燕麦草品种主要依赖国外进口品种，国产品种种植占比不足10%，国外品种抗旱耐寒能力较低、适应性差的问题制约了牧草的产量、质量及稳定性。山西省在抗逆牧草资源收集保存评价和新品种培育方面做了一定的工作，培育出一系列品种，但是育成品种数量仍然很少，特别是新品种种子产业化生产比较薄弱，抗逆优质牧草种子供不应求，远不能满足草牧业发展的需求。

1.2.4 牧草栽培技术落后

当前山西省人工草地建植、草地改良工作仍以单一种类牧草应用为主，缺乏系统高效、适用于山西省条件的禾豆混播、草灌结合、草田轮作等先进混播栽培技术模式，迫切需要加强旱作节水混播栽培技术、机理及集成创新模式的研究和应用。

1.2.5 饲草加工调制减损技术落后

当前山西省牧草收获虽然基本实现了机械化作业，但是机械设备陈旧、功能单一，尚未完全实现机具联合化作业，收获效率低、营养损失大。同时，山西省牧草生产存在“重种植、轻质量”现象，饲草加工调制以传统的草捆、粉碎、青贮为主，缺乏草颗粒加工、青贮添加剂、全混日粮等核心技术的研发，加工技术薄弱、营养价值较低，亟须研发饲草生产中的减损增效技术并进行示范应用。

1.2.6　自主创新能力较弱

山西省草产业还处于萌芽初期，草业教学、科研、推广团队正处于新建磨合阶段，草业龙头企业少，山西省牧草产业技术体系、牧草产业技术创新战略联盟刚刚成立，“产学研推”体系不健全，缺乏影响力大、能有效解决生产实际问题的应用性成果。

1.2.7　草畜结合不紧密

山西省草牧业仍然存在草畜结合不紧密、草畜链条脱节的问题。优质饲草产量不能满足不断增长的家畜数量，优质饲草供不应求；饲草生产与家畜养殖空间结构不合理，饲草生产无法及时供应家畜养殖；家畜养殖废弃物也无法被饲草地和农地及时有效回收利用，阻碍了种养循环和可持续发展。因此，平衡饲草生产加工与家畜养殖的协同发展、合理布局饲草地与养殖场空间结构、搭建饲草产品线上交易平台等草畜结合高效利用技术亟须突破。

1.2.8　农副产品饲料化利用不足

山西省每年产生大量农作物秸秆、麸皮等农业副产品，总量达2 200万 t，但每年仅有30%~50%秸秆被有效利用，浪费严重，且容易导致环境污染。另外，山西省拥有丰富的中草药资源，如黄芩、黄芪、柴胡和党参等，其产量分别占全国的40%、30%、25%和20%以上，合理开发利用这些中药生产的副产品（茎、叶）加工成功能性饲料，将有效提升山西省饲草饲料资源的利用效率。

2　山西省饲草业发展对策

为实现未来5~10年内山西省饲草面积达到500万亩，较2020年饲草种植面积翻一番的奋斗目标，针对饲草产业的现状和存在的突出问题，“十四五”期间，山西省的工作重点如下。

（1）建立草种繁育基地。山西省草种业存在乡土草种资源评价不足、创新利用率低，草种自主创新能力弱、育成品种市场占有率极低，良种扩繁基地几乎空白等问题。建设优良草种繁育基地是贯彻落实习近平总书记重要指示精神的重要体现，也是推动区域草牧业高质量发展的必要途径。近年来，山西省委省政府高度重视种业发展，山西省农业农村厅及山西省林业和草原局积极在全省范围内谋划布局种子生产基地建设，依托省内草牧业龙头企业和草牧管理机构，初步建立了草种业的繁育推体系，为形成草种繁育、生产加工、贮运销售等相对完整的产业链条奠定了基础保障。下一步将依靠科技创新，高质量建设优质牧草种子生产基地，解决山西省优质牧草种子“卡脖子”问题。

（2）巩固拓展优质饲草生产基地。切实利用好国家和省级扶持政策，充分发挥粮改饲发展政策、高产优质苜蓿种植项目、草原生态补奖和雁门关农牧交错带示范区建设项目的示范带动作用，在全省布局建设一批高标准的优质高产饲草生产基地，为草食畜牧业发展提供有力保障。同时建议交通、水利、农机等部门尽快出台有利于饲草产业发展的支持政策。

（3）推进“南北互补”模式。积极引导雁门关饲草生产加工龙头企业向农业生产条件好的山西省南部和中部发展，在全省布局规划饲草产业。利用晋南地区和山西中部良好的农业生产条件，大力发展饲草产业，充分发挥朔州市骏宝宸农业科技股份有限公司、寿阳县嘉禾农业科技有限公司等龙头企业的资金、技术、市场等优势，通过政策引导、资金扶持、典型示范、强化服务，鼓励龙头企业通过土地流转、土地托管、订单种植收购等牧草种植“新业态”，扩大饲草种植面积。麦后复播饲草面积持续扩大，达到每年以 10 万亩以上速度递增。

（4）构建科技支撑体系。通过发挥全省三级饲草科技推广体系、山西农业大学草业学院、省现代牧草产业技术体系和省牧草产业技术创新战略联盟“四驾马车”作用，实现牧草产业科技支撑“四轮驱动”，建立山西省现代饲草产、学、研、推“四位一体”的高质量发展新格局。

（5）开展饲草生产科技创新。针对目前饲草生产的关键技术瓶颈，在“晋饲草 1 号”小黑麦品种、晋南麦后复播青贮玉米深松密植、冬闲田种植饲用小黑麦、苜蓿即时收获加工、山坡地饲草收获机械等方面加大饲草新品种、新技术、新模式、新机械的研发、示范和推广力度。

（6）拓展市场空间。培育山西省主链饲草龙头企业，促进山西饲草交易平台在全国率先实现饲草线上交易，抢占国内饲草市场。促进山西省饲草龙头企业与国内大型养殖企业和饲草加工企业的合作，大幅度扩大山西省饲草订单交易量。

（7）加大宣传力度。中共中央办公厅、国务院办公厅印发的《粮食节约行动方案》中明确提出要“增加优质饲草供应，降低牛羊养殖中精饲料用量”，山西省要积极宣传优质饲草生产对于节约粮食的重要性，改变传统的饲草“与粮争地”观念，为饲草产业发展营造有利的社会氛围。

3 山西省现代牧草产业技术体系的重点工作

作为推动山西牧草产业发展的“四驾马车”之一，现代牧草产业技术体系的重点工作在于产业关键技术的攻关。

（1）林草资源评价及利用方式研究。重点对山西省县域林草资源开展基况调查，并选择典型区域开展林下种草及加工利用、林下灌草结合及高效利用、林下放牧等草资源利用技术和模式优化研究，并开展林草资源利用模式生态生产经济综合效益评价，最终提出适合山西省林草资源可持续利用的技术和模式清单，以及推进山西省林草产业可持续发展的政策建议。

（2）乡土草资源收集、保存和评价。重点对山西省赖草、羊草、白羊草、披碱草、斜茎黄芪、扁蓄豆、胡枝子等乡土草资源进行收集、保存和评价。

(3) 优良乡土草新品种培育、筛选和种子产业化。加快乡土草种的驯化选育，培育抗逆优质牧草新品种；开展牧草新品种适宜性评价试验，筛选适合不同饲草生产区的当家品种清单；研发种子生产技术，建立优质牧草种子生产基地，推进种子产业化。

(4) 混播技术、混播放牧技术研究和示范。在不同饲草生产区，开展不同乡土草种混播组合筛选和精准管理技术研究。同时，探索人工混播草地放牧利用的技术模式并示范应用。

(5) 饲草加工技术研发和示范。开展裹包青贮标准化技术、雨热同期苜蓿干草生产技术和优质燕麦、小黑麦等干草生产技术的研究和示范，构建青贮玉米、青贮苜蓿、苜蓿干草、燕麦干草、小黑麦干草等标准化生产技术体系。

(6) 饲草利用、草畜结合技术研发和示范。开展饲草生产加工与家畜养殖协同发展、饲草地与养殖场优化布局、饲草产品线上交易平台搭建等草畜结合高效利用技术的攻关和示范。

(7) 饲草产业新技术和模式示范、评价和推广。开展雁门关农牧交错带青贮玉米深松密植高产、玉米大豆复合种植、苜蓿全程机械化生产、肉羊饲草料配制、玉米秸秆饲料化利用等技术的示范应用；开展“南北互补、粮草兼顾、农牧循环”技术和模式试验示范。综合评价各示范技术与模式的效益和效率，并优化应用。

4 山西草业大有可为

草牧业是大农业的重要组成部分，发达的草牧业是农业现代化的重要标志。近年来，山西省积极发展草牧业，草牧业体系逐步形成，发展步伐不断加快，在实施乡村振兴战略，推进农业供给侧结构性改革，促进农业转型升级、农民持续增收和产业精准扶贫等方面发挥了重要作用。做优做强牧草产业是支撑山西省“特、优”现代农业发展和畜牧业振兴的强有力保障。“十四五”期间，将紧密围绕山西省农业农村厅牧草产业发展工作部署，集中解决牧草产业发展中的关键“卡脖子”技术问题，加强成果转化和技术服务，为实现“十四五”优质饲草种植面积达到500万亩、饲草产量达到1 000万t的目标，加快建成草牧业强省提供坚实的科技支撑。

山西省饲草产业“南北互补、中部突破、粮草兼顾、农牧循环”模式的理论和实践

杨子森　侯东来

（山西省畜牧技术推广服务中心）

摘要：山西省农业农村厅充分利用雁门关地区饲草产业的机械、技术、人才优势，结合晋南、晋中地区的光热和土地资源优势，组织雁门关区饲草龙头企业在晋南地区开展了麦后复播饲草示范推广，在山西中部地区开展了冬闲田种植饲用小黑麦技术示范推广，探索推广“南北互补、中部突破、粮草兼顾、农牧循环”的新模式，取得了经济效益、社会效益、生态效益共赢的良好成效。

关键词：南北互补；中部突破；粮草兼顾；农牧循环

引言

为解决山西省优质饲草生产供应不足的问题，充分发挥晋南、晋中地区的光热和土地资源优势，做大做强饲草业，2020年以来，山西省农业农村厅创新思路，利用山西省南北狭长、纬度气温相差较大的特点，组织雁门关区饲草龙头企业向临汾市、运城市、晋城市等晋南地区拓展，开展了麦后复播饲草示范推广，并在山西中部地区开展了冬闲田种植饲用小黑麦技术示范推广，探索出一条“南北互补、中部突破、粮草兼顾、农牧循环”的新路径，取得了经济效益、社会效益、生态效益共赢的良好成效。饲草产业已成为全省实施农业特优战略，推进乡村振兴，加快农业农村现代化的重要支撑。

1　示范推广背景

近年来，山西省饲草产业发展势头迅猛，种植面积每年以10万亩以上的速度递增。2020年，山西省优质饲草种植面积达到252万亩，排全国第9位，饲草总产量达到496万t，饲草业总产值达到12.8亿元。然而，山西省饲草产量与实际需求之间存在较大差距，全省共需优质饲草约980万t，优质饲草缺口接近一半，每年需从国内外调入大量优质饲草。随着草食畜牧业的快速发展，优质饲草的缺口还会越来越大。因此，急需拓宽思路，创新机制，采取有力措施推进优质饲草的生产供应。

山西省北部雁门关区是半湿润半干旱气候交汇的农牧交错带，是苜蓿、青贮玉米、燕麦草的传统种植区和主产区。该区域饲草产业起步早，饲草种植加工企业多，拥有大量先进的饲草收获加工机械，积累了丰富的饲草种植加工经验，饲草产业发展基础扎实。特别是以朔州市骏宝宸农业科技股份有限公司为代表的一批饲草龙头企业，拥有先进的生产技术和机械设备，具备为全省提供饲草社会化服务的能力。

山西省临汾、运城、晋城等地无霜期为180~210 d，年平均气温为11~13℃，年降水量为510 mm左右，光热资源丰富，农业生产条件优越，是一年两熟种植区。当地农户有麦后复播的传统，饲草产业发展潜力巨大。山西省适宜饲用小黑麦种植的地方主要在太原盆地、临汾盆地、运城盆地、长治盆地、晋中盆地及吕梁和忻州的部分地区。据统计，仅晋中市、太原市等地玉米收获后的冬闲田就达到330万亩，利用冬闲田种植饲用小黑麦具有巨大潜力。

为发挥山西省北部饲草龙头企业的技术、机械优势和南部地区的光热、土地资源优势，山西省农业农村厅组织北部雁门关区饲草龙头企业向农业生产条件较好的晋南、晋中地区发展，加大优质饲草的生产供应。

2　示范推广情况

近年来，山西省农业农村厅多次组织朔州市骏宝宸农业科技股份有限公司、山西省地产投资有限公司、清徐县金牧源种植有限公司等饲草龙头企业赴晋南地区各县开展饲草产业对接工作，促进北部饲草龙头企业与晋南地区种植大户、养殖大户积极对接，加强合作，不断扩大麦后复播饲草面积。并分别于2020年3月、2021年3月、2021年6月在晋城市、河津市、山阴县组织召开了“麦后复播与饲草种植对接会”“玉米复播与饲草种植对接会”“南北互补、创新发展研讨会”，2022年9月在祁县召开了山西省冬闲田种植饲用小黑麦技术培训班和工作推进会，2024年5月在原平市举办了山西省冬闲田饲用小黑麦栽培技术培训班，持续推动“南北互补、中部突破、粮草兼顾、农牧循环”模式的实施。在示范推广过程中，重点推广了“小麦+青贮玉米”“小麦+饲用大豆”“两茬青贮玉米+小麦”“青贮玉米+燕麦”“青贮玉米+苜蓿”“青贮玉米+饲用小黑麦”等模式，取得了显著成效。

2.1　麦后复播青贮玉米深松密植高产技术示范推广

（1）示范推广地点及规模。在晋南地区的襄汾县、万荣县、河津市、新绛县等县（市），2020—2023年示范推广5.2万亩。

（2）示范推广品种。京科青贮932、泽玉8911、迪卡159等。

（3）技术路线。采用美国凯斯210马力①的大功率拖拉机和意大利马斯奇奥深松机进行土壤深松，深松深度45~50 cm。种植密度为5 500~6 000株/亩。技术要点主要有土壤深松、配方施肥、精选优种、密植播种、中耕追肥、节水灌溉、地膜零使用、植保

① 1马力≈0.746 kW。

作业、适时收获等 9 项。

(4) 示范推广效果。在同等水肥条件下，青贮玉米深松密植高产技术平均增产 34%，每亩纯收入增加 516 元。在此基础上采用滴灌技术更可节水 30%以上。在种植密度上，青贮型最佳密度5 500株/亩，粮饲兼用型最佳密度6 000株/亩。

2.2 麦后复播青贮玉米示范推广

(1) 示范推广地点及规模。运城市芮城县、万荣县、新绛县、河津市，临汾市尧都区、襄汾县、曲沃县、洪洞县、翼城县等县（区），2020—2023 年示范推广 55.75 万亩。

(2) 示范推广品种。大京九 23、中科玉 505、郑单 958、迪卡 159、沃玉 3 号、京科 516 等。

(3) 技术路线。主要有整地、选种、播种、中耕、管理、收获等。

(4) 示范推广效果。麦后复播青贮玉米亩产达到 3.2 t，以生产裹包青贮为主，青贮玉米质量均达到干物质、淀粉双 30%的标准，每亩比种植籽粒玉米增收 150 元。其中一部分销往云南省、贵州省、四川省和陕西省等地，年销售收入近 3 000万元，扩大了山西优质饲草的市场份额，同时运输成本比在晋北地区降低了 1/3 以上，增加了企业收益。

2.3 麦后复播饲用大豆示范推广

(1) 示范地点及规模。在襄汾县、临猗县、永济市、泽州县，2020—2023 年示范推广 2.2 万亩。

(2) 示范品种。秣食豆、东豆 9 号、东豆 7 号、晋豆 53、汾豆 99、泽州 1 号、泽州 2 号、泽州 3 号、泽州 4 号、泽州 5 号、晋豆 25 等品种。

(3) 技术路线。在小麦收割后的 6 月底进行播种。秣食豆行距 30 cm，株距 6.7 cm，播种量每亩 5 kg；其他品种行距 30 cm，株距 9.6 cm，播种量每亩 9 kg。9 月底进行混贮利用。

(4) 示范效果。将饲用大豆与当地青贮玉米按不同比例进行混贮，大豆最佳比例为 30%～40%，混贮发酵效果较好，粗蛋白含量平均提高 4 个百分点以上，每亩可增收 550 元。对于推行小麦轮作倒茬耕作制度和促进粮草轮作也具有重要意义。

2.4 种植饲用小黑麦示范推广

(1) 示范地点及规模。在清徐县、小店区、灵石县、祁县、平遥县、介休市、榆社县、孝义市、文水县、方山县、原平市、屯留区、高平市、泽州县等县（市、区），2021—2023 年共示范推广 6.1 万亩。

(2) 示范品种。晋饲草 1 号。

(3) 技术路线。主要有平整土地，施足底肥，优选品种，适期播种，浇水追肥，田间管理，适时收获等。

(4) 示范效果。冬闲田种植饲用小黑麦亩产可达到鲜草 3 000～3 500 kg或干草 600～900 kg，每亩可增加收益 500～700 元。

3 主推技术措施

3.1 青贮玉米深松密植高产技术要点

（1）土壤深松。使用深松机，松碎耕层以下坚硬的犁底层，使松土层的厚度加深，达到保水、抗旱、排水、抗涝和保肥的目的。深松作业一般在秸秆处理后，播种前进行。土壤含水量在15%～22%时最适宜进行深松。采用美国凯斯210马力的大功率拖拉机和意大利马斯奇奥深松机进行土壤深松，深松深度为45～50 cm。

（2）配方施肥。根据耕层土壤养分测定结果和目标产量选择施肥类型和数量，实施测土配方施肥，同等产量下可减少化肥使用量30%。配方施肥可以提高肥料的利用率，保护农业生态环境，改善耕地养分状况，提高青贮玉米产量，降低生产成本。

（3）精选优种。选择经国家或省级审定推广的、适合当地深松密植且与机械配套的、单株生产力较高、抗倒伏、抗病、抗逆性强、株型较紧凑、光合能力强、经济系数高的品种。

（4）密植播种。合理的种植密度可以提高光能有效利用率，充分有效地利用土地，提高单位面积产量。当土壤5～10 cm的耕层的温度稳定在8～10℃时，采用马斯奇奥气吸式精密播种机进行精量播种，播种规格为大小垄种植模式（大行距80 cm，小行距40 cm），播种量每亩1.7 kg，播种深度5 cm，播种时深浅一致，覆土均匀，适度镇压，采用精量玉米分层播种机在播种的同时将基肥（复合肥）施在下方5 cm左右。在种植密度上，青贮型最佳密度5 500株/亩，粮饲兼用型最佳密度6 000株/亩。

（5）中耕追肥。在玉米6～8片叶子的展叶期，使用高地隙追肥机，追施50 kg/亩高氮钾肥半袋25 kg，同时一次性完成开沟、施肥、培土和镇压工作。

（6）节水灌溉。为了保证青贮玉米的出苗率，可因地制宜采用滴灌的方式进行浇水，后期结合青贮玉米的拔节期和大喇叭口期的追肥进行灌水。根据灌溉数据，滴灌条件下进行灌溉比正常漫灌浇水可以节水30%以上。

（7）地膜零使用。采用土壤深松配合节水灌溉技术进行青贮玉米的种植，实现了地膜零使用，不仅避免了残留的地膜对土壤造成危害和对植物生长发育造成的抑制作用，还避免了家畜误吃残膜后，因阻隔食道影响消化而造成的死亡，同时还美化了环境，杜绝了白色污染。

（8）植保作业。在青贮玉米出苗前，选择晴朗天气，10:00前和17:00后使用大型自走式喷杆喷雾机进行土壤封闭，做到除草剂一次到位，减少除草剂的使用量30%以上。青贮玉米的生长期间根据田间病虫害的发生情况，选用低毒高效的生物农药等开展绿色防控，病虫害高发期统防统治、精准施药，全程减少农药的使用量50%以上。

（9）适时收获。青贮玉米收割期为籽实乳熟期至蜡熟期，外表观察玉米穗胡须变黑，玉米穗粒有浆变硬。一般最适收获期为乳熟末期至蜡熟初期，全株含水率平均为65%～70%，干物质含量达到30%以上。如以籽粒乳线位置作为判别标准，乳线处于1/3～1/2时最宜。

3.2 冬闲田种植饲用小黑麦技术要点

（1）气候和土壤。积温≥2 800℃，无霜期≥130 d，年降水量 300~600 mm。地势平坦、排水良好、中等肥力、中性或微碱性砂壤土或壤土。

（2）播前准备。一是选择好的品种。选择省级认定的适合山西省农区种植的抗旱、耐寒等抗逆性强的饲用小黑麦品种。种子质量符合 GB 6142—2008 的规定。二是进行整地。前茬作物收获后，根据地块条件，选择翻耕或旋耕作业。作业时土壤要干湿适中，达到拖拉机行走不打滑、耕地不扯条。整地后应达到地面平整、无土块。秸秆直接还田要粉碎且抛撒均匀，镇压踏实。三是施足基肥。结合整地施足基肥，施用肥料要符合 NY/T 496—2010 的规定。上茬作物收获后，每亩施用腐熟农家肥 3~4 m^3 或商品有机肥 300~500 kg，并及时深耕。化肥作基肥应于播种前结合地块旋耕施用，每亩施入复合肥 20~30 kg。实施秸秆还田地块，每亩需增施尿素 3~5 kg。四是注意土壤墒情。播前耕作层土壤田间持水量在 70%左右适合播种。

（3）及时播种。一是种子处理。播前晒种 1~2 d，每天翻动 2~3 次。地下虫害易发区可使用药剂拌种或种子包衣进行防治，用药应符合 GB/T 8321（所有部分）的规定，防治蛴螬、蝼蛄等地下害虫采用 50%辛硫磷乳油 100 mL 加水 2~3 kg 拌种 50 kg，拌后堆闷 2~3 h，晾干备播。种子包衣方法参照 GB/T 15671—2009。二是播期及播量。冬闲田种植饲用小黑麦的适宜播种期为 9 月下旬至 10 月中旬，每亩播量 10 kg；10 月 15 日之后播种，播期每推后一天播量增加 0.5 kg，播期应不晚于 10 月 20 日。三是播种方式。播种深度控制在 3~5 cm，播后及时耱地保墒。

（4）田间管理。一是进行灌溉。越冬前浇足越冬水，避免地表积水和冰层盖苗。春季返青期至拔节期之间需灌水 1 次，每亩灌水量 30~45 m^3。灌溉用水要符合 GB 5084—2021 农田灌溉水质标准。二是开展追肥。结合春季灌水在起身至拔节初期追施氮肥，每亩施用尿素 10~15 kg；弱苗在起身期提早追施，旺苗可推迟到拔节期追施，两次施用最佳。

（5）病虫害防治。防治要重视抗病品种选用，综合应用轮作换茬、物理防治和生物防治技术。农药防治优先选用生物农药，应符合 GB/T 8321（所有部分）的规定。蚜虫虫害可使用 0.3%的印楝素可溶液剂 6~10 mL/亩或 10%的吡虫啉可湿性粉剂 20~30 g/亩。在刈割前 15 d 内不使用化学农药。

（6）适时收获。一是刈割时期。冬闲田种植饲用小黑麦的刈割时期一般在 5 月中下旬，加工干草或调制青贮在扬花期一次性刈割。二是刈割高度。用于青贮、调制干草采用机械一次性刈割，刈割留茬高度为 5~8 cm，以防止泥土带入。

4 示范推广效果

4.1 麦后复播饲草技术示范推广优点

（1）充分利用了耕地资源。利用麦后夏闲田复播饲草，避免了种草与种粮争地。

（2）提高了土壤肥力。复播饲用大豆的根瘤菌具有固氮作用，有利于小麦轮作倒茬。

（3）提高了播种质量。麦后复播饲草解决了大量秸秆还田引起的病虫害和播种质量低的问题。

（4）为小麦秋播腾出充足时间。复播饲草收获一般提前 15 d 以上，有利于冬小麦及时播种。

（5）解决了籽粒玉米品质不高的问题。晋南地区籽粒玉米收获期与雨季重叠，容易出现黄曲霉素超标问题，作为青贮饲料则可以避免这一问题。

（6）提高了饲草机械使用率。北部饲草龙头企业的饲草机械从南到北得到多次利用，增加了企业收入。

（7）扩大了饲草发展空间。麦后复播饲草增加了饲草种植面积和产量，助推了山西省畜牧业高质量发展。

（8）促进了农牧循环。将秸秆直接还田变为饲草过腹还田，不仅为畜牧业发展提供了大量饲草，而且为种植业提供了大量有机肥，实现了农牧业生产的良性循环。

4.2 利用冬闲田种植饲用小黑麦的好处

（1）充分利用了冬闲田。将玉米等作物收获后的冬闲田种植饲用小黑麦，不与粮争地，提高了土地利用率，扩大了饲草种植面积。

（2）种植区域广。能够种植冬小麦的地方就适宜种植饲用小黑麦，比燕麦草种植范围广。

（3）填补优质饲草空档期。饲用小黑麦在每年的 5 月中旬收获，这期间正是饲草青黄不接的季节。

（4）可以替代燕麦草等禾本科饲草。饲用小黑麦粗蛋白在 10%以上，比燕麦草蛋白质含量高，适口性好，是替代牛场急需的燕麦草等禾本科干草的理想选择。

（5）抗逆性强。饲用小黑麦遗传了黑麦的优异性状，具有较强的抗旱、抗寒等特性。

（6）产草量高。饲用小黑麦在有灌溉条件下，亩产鲜草 3.5 t，亩产干草 700 kg，比种植燕麦草高出 75%以上。

（7）经济效益显著。饲用小黑麦与玉米轮作，可以增加一季收入，每亩可增收 500~700 元。

（8）增加土壤绿化。将冬闲田种植饲用小黑麦后，既绿化了国土空间，又起到了防风固土作用。

山西省牧草资源研究现状、问题和未来研究重点

朱慧森　岑慧芳

（山西农业大学草业学院）

摘要：种质资源是保持生物多样性的极其宝贵的自然材料，是人类选育新品种和发展农业生产的物质基础。牧草资源是人类生存和发展的宝贵财富，是国家重要的战略性资源，是筛选优良牧草材料和培育牧草新品种不可缺少的遗传物质基础，也是实现粮食安全、生态安全与农业可持续发展的重要保障。山西省地处黄河流域中部，多变的地貌及独特的气候下蕴藏着丰富的牧草资源。本文通过系统总结山西省牧草资源种类及分布特点、收集保存、鉴定评价及选育利用研究现状等，针对性地指出了山西省牧草资源研究中存在的问题，并从资源收集与保存、评价与利用、育种体系创新几方面提出未来研究重点，为夯实山西牧草资源研究基础、加快种质创新、助推草产业高质量发展提供思路。

关键词：牧草资源；选育利用；种质创新

引言

草种质资源是全球生物多样性的重要组成部分，也是推动草种业创新发展的物质基础，属于国家战略性资源。我国是世界草地大国，拥有丰富的草种质资源，为草类植物种质创新提供了宝贵的素材和基因源。山西省是我国北方草原面积较大的省份之一，复杂多样的地貌和独特的气候条件决定了这里蕴藏着丰富多样的草种质资源，许多物种还具有较高的科研学术价值和经济开发价值。

草种质资源还是推动草种业和畜牧业可持续发展的重要物质基础。加强牧草种质资源的保护和利用，对建设生态文明、维护草原生物多样性、缓解饲料资源短缺、确保粮食及畜产品稳定供给、促进草牧业绿色发展、满足生态修复和加快农业结构调整等具有举足轻重的作用。当前，山西省牧草种质资源在收集保存、鉴定评价和育种利用上的研究水平总体上比较落后，种质资源的挖掘与利用研究进展缓慢，开展牧草种质资源的收集、评价与创新利用对山西省草原生态修复、物种多样性保护及优异抗逆新品种的选育具有重要意义。

1 山西省牧草资源种类及分布特点

我国是世界上生物多样性十分丰富的国家之一，是世界第二草地资源大国，具有丰富的牧草资源。全国第三次国土调查数据显示，我国草地面积为26 453.01万 hm^2 (396 795.21万亩)。全国草种质资源数据库统计表明，我国饲用野生牧草资源已涵盖5门246科1 545属6 704种（包括亚种、变种和变型），其中豆科和禾本科种类最丰富，优良饲草种类最多，利用价值最高，豆科1 231种、禾本科1 127种，占比分别约为28%、20%，其中，属于我国草原特有的草种有24科171属493种，54种被列入我国珍稀濒危保护植物名录，占全国濒危植物总数的14%。我国牧草种质资源主要分布于新疆、内蒙古、西藏、甘肃、山西、陕西和整个西南地区。

山西省地处黄河流域中部，是典型的为黄土广泛覆盖的山地高原，地势东北高西南低，地貌类型复杂多样，有山地、丘陵、台地、平原等地形，土壤类型恒山以北为栗钙土，以南为褐土。山西地处中纬度地区，属于暖温带、中温带大陆性气候，冬季长而寒冷干燥，雨雪稀少；夏季短而炎热多雨，盛行东南风。山西省地理位置的特殊性、地貌的多样性，以及气候和土壤的复杂性及明显的过渡性，使这里蕴藏着种类丰富、类型多样的草种资源。全国第三次国土调查数据显示，山西天然草地面积313.5万 hm^2，《山西植物志》记载，山西分布的草本植物约有125科798属2 088种，其中禾本科65属173种、豆科42属129种、莎草科10属62种、菊科90属237种，其他科591属1 487种。下面主要阐述饲用价值较高的禾本科牧草和豆科牧草的种类和分布特点。

1.1 禾本科牧草及其分布特点

山西省禾本科牧草在天然草地的分布量大而且种类多，常密集生长成为优势建群种，是天然草地的重要组成部分，在天然草地产量和质量以至畜群布局规划中发挥关键作用。通过调查和统计表明，山西省天然草地禾本科牧草共有47属107种，分别占全国禾本科饲用植物属、种的22.4%、10.4%，其中山西省特有植物2种——长花雀麦和恒山早熟禾，分布于五台山、恒山海拔2 000 m以上的亚高山草甸。山西省天然草地禾本科牧草多数为家畜喜食或乐食，其中优等牧草20属26种、良等牧草27属60种。山西省主要的禾本科牧草有披碱草属、赖草属、芦苇属、隐子草属、臭草属、早熟禾属、拂子茅属、翦股颖属、狗尾草属、狼尾草属、大油芒属、莎草属、孔颖草属、菅属、蒺藜草属、虎尾草属、针茅属、芨芨草属、野古草属、马唐属、稗属、芒属、画眉草属等。这些优良牧草资源中披碱草属有3种，分别是披碱草、肥披碱草和老芒麦，它们在山西省南北各地区均有生长，适应性强、产量高、叶量丰富、适口性好，马、牛、羊均喜食，可放牧利用亦可青刈或调制青贮饲料，同时也是山西省干旱和半干旱地区栽培驯化、草地轮作、建立人工草地和退化草地改良中优良牧草之选。雀麦属有2种，无芒雀麦产于右玉、五台山及恒山等地，山西省各地区均有引种栽培，是建立人工草地和改良草地补播的优良牧草；另一种为山西特有草种，即长花雀麦，主要分布于五台山、恒山、天镇等地，适口性好，各种家畜均喜食。冰草属有冰草和沙生冰草2种，生于干燥山坡、干草原、丘陵及沙地上，山西省北部常见，其草质柔软、适口性好、适应性强、耐践踏，是放牧和割草兼用型牧草，作为改良退化和沙化草地的补播草种颇有前途。赖草属有羊草和赖草 2 种，羊草抗逆性强、产草量高、再生性能好，可作为山西省草地改良或建立人工草地的优质草种。孔颖草属的白羊草产于恒山以南的低山丘陵地区，为山西灌丛类草地的主要建群种，山西省白羊草草地总面积约 17.3 万 hm^2，占全省草地总面积的 36.28%。白羊草适应性强、耐旱、耐贫瘠、耐践踏、再生力较强、分布广泛、产草量高，是山西省中南部地区十分重要的牧草资源，亦是对山西省区域生态文明建设和草牧业高质量发展十分重要的自然资源。在山西省天然草地上，家畜喜食的优良牧草还有大画眉草、碱茅、羊茅、稗、狗尾草、鹅观草等。

山西省天然草地中生长有 15 种优良草坪植物，其中，紫羊茅和羊茅叶量大、草质柔软、再生性强，宜作为观赏草坪或与其他草种混播作为运动草坪。早熟禾属的草地早熟禾是山地草甸的建群种，能形成草皮，具有一定的耐旱性和较强的抗寒能力，可作为城市街道两旁、树下、公园及庭院的观赏草坪。林地早熟禾可用于遮阴处建坪。狗牙根主要产于运城地区，具根状茎或匍匐茎，耐践踏、再生性强、根系发达，根茎的营养繁殖力极强，宜建植运动场草坪、飞机场草坪等。另外，碱茅、冰草、无芒雀麦等都是当地的优良野生草坪植物。

1.2 豆科牧草及其分布特点

豆科是被子植物中仅次于菊科及兰科的第三大科，广泛分布于各种生长环境中。豆科植物具有重要的经济价值，它是人类食品中淀粉、蛋白质、油脂和蔬菜的重要来源之一。豆科植物总共约有 690 属 18 000种。我国有 172 属 1 485种（13 亚种，153 变种，16 变型）。豆科共有 19 个单型属，除扁豆属在全世界广泛分布外，其余 18 属在我国的分布均具有地域局限性，基本局限于我国东南地区、南部地区、西南地区及西北地区。据报道，山西省豆科植物约有 131 种，但到目前为止，关于山西豆科植物种类及其分布尚缺乏全面、系统、深入的研究。

在植物分类学中，豆科又可以分为含羞草亚科、苏木亚科（云实亚科）和蝶形花亚科 3 个亚科。由于地理条件及山脉河流纵横分布的影响，山西省野生植物资源丰富，豆科植物种类虽在全国所占比重较少，约为 8.8%，但有些种类数目较多，如豆科中最大的一属——黄芪属约有 17 种，锦鸡儿属约有 13 种，野豌豆属有 11 种，有些还是山西特有种，如太原黄芪；还有被国家列为濒危的二级保护植物，如野大豆、黄芪、蒙古黄芪。饲料豆科植物占据优势，约有 39 种，药用植物约 24 种，纤维植物约 23 种，作为观赏或蜜源植物的约 19 种，油脂类豆科植物约 18 种，淀粉类豆科植物约 11 种，可作为野菜的约 12 种，可用于水土保持的优良树种约 8 种，作鞣料用的植物约 6 种，作木材用的有 8 种。其中可作为优良牧草和饲料的豆科植物有达乌里黄芪、太原黄芪、糙叶黄芪、蒙古黄芪、短锦鸡儿、山黧豆、天蓝苜蓿、苜蓿、草木樨、胡枝子等；作为药用的豆科植物有锦鸡儿、甘草、决明、苦参、山野豌豆、鸡眼草，以及黄芪属的大部分等。

豆科牧草在山西省分布范围较为广泛，在晋北盆地、晋中盆地及晋南盆地均有分布。其中在晋北盆地包括山阴、朔州、阳高、天镇、怀仁、浑源、大同、应县等，主要分布的豆科牧草有沙打旺、和田苜蓿、红豆草、达乌里胡枝子等；晋中盆地包括忻定盆地、恒山地区、平川各县以及五台山，主要分布的豆科牧草有紫花苜蓿、小冠花、百脉根、柠条锦鸡儿等；晋南盆地包括运城盆地、临汾盆地和中条山西段，主要分布的豆科牧草有紫花苜蓿、小冠花、紫穗槐及沙打旺等。豆科牧草除了在各个盆地分布以外，在太行山区、吕梁山区也有分布，如在太行山区有沙打旺、和田苜蓿、山野豌豆、润布勒苜蓿等豆科牧草；在吕梁山区有草木樨、和田苜蓿、紫穗槐等豆科牧草。

2　山西省牧草资源收集保存现状

我国是全世界草类植物种质资源的保存大国，但与西方发达国家相比，我国乡土草资源的系统收集和研究起步较晚，始于20世纪80年代初。我国牧草种质资源丰富，自设立牧草种质资源保护专项以来，始终坚持“广泛收集”的原则。1988年，我国开展了第一次全国草原资源调查，初步厘清了我国乡土草资源的种类、分布和数量。我国于20世纪50年代开始饲草种质资源的收集与保存工作。1997年建成的“全国畜牧总站畜禽牧草遗传资源保存利用中心”是全国牧草保种体系的中心库，到2021年底，统一编目和入库保存草种质资源6.20万余份，保存数量仅次于澳大利亚和美国，位列世界第三。其中，全国畜牧总站草资源中心库入库保存草种质资源4.3万余份，中国农业科学院草原研究所的国家种质牧草中期库保存草种质资源2.0万余份，中国热带农业科学院热带作物品种资源研究所热带基因库保存热带草遗传材料1.0万余份，内蒙古蒙草生态环境（集团）股份有限公司收集保存乡土草种质7 167份。另外，我国建有1个中心库、2个备份库、1个组织培养离体库、17个草种质资源圃，收集保存了约30%的草类植物种质资源。

山西省目前收集的牧草资源82.3%是由山西农业大学草业学院收集保存的，主要通过建立种质资源圃、种质库等方式实现资源的收集、保存、交流和利用等工作。截至目前，山西省已收集羊草、赖草、白羊草、扁蓿豆、达乌里胡枝子等北方重要乡土草种质资源约1 355份，分属47科、175属、259种，以豆科、禾本科和菊科居多，其中禾本科有547份，包括34属、53种，占目前所收集的全部资源的40.37%；豆科有292份，包括19属、49种，占收集资源总数的21.55%。菊科有165份，包括28属、42种，占收集资源总数的12.18%。另外，收集的唇形科、毛茛科、玄参科、蔷薇科等草种资源约占现有资源总数的25.90%。

3　山西省牧草资源鉴定评价现状

牧草种质资源是改良牧草品种的物质基础，鉴定和评价的目的是有效地利用牧草资源。鉴定主要是对种质某一基因型特性的描述，这些特性是不变的，属质量性状，如种子类型、花颜色、同工酶带型等，根据一定的标准确定植物所属类别。评价是指在所描述的环境或特殊条件下对性状的评估，这些性状对环境条件敏感，属数量性状，如植株高度、蛋白质含量、产量、成熟期等。对牧草资源进行鉴定评价，主要包括对牧草的生物学特性、农艺性状、抗逆性等进行鉴定和评价。首先，是对牧草品种的确定。山西省目前确定牧草品种的方式较为单一，主要通过人工鉴定的方式观察种子外部特征以确定牧草品种，此种方式效率较低且主观性较强，不能保证鉴定得完全准确。如今已有通过牧草种子品质智能鉴定系统以及 THz-TDS 技术（太赫兹时域光谱技术）来高效、准确地识别牧草品种的方式，今后山西省可以通过改良鉴定技术提高牧草品种鉴定的效率。对于牧草农艺性状及产量性状的评价，山西省主要采用田间观测和室内分析测试等方法进行，通过对不同品种牧草的株高、叶面积、分蘖数、千粒重等农艺性状及产量性状进行观察，选择产量高、农艺性状优良的牧草品种进行广泛栽培。牧草种质资源抗性评价包括抗虫害、抗盐碱、抗旱、抗寒和抗热性等的评价。不同牧草品种对逆境的适应力不同，抗性评价就是根据不同牧草品种对逆境的反应程度，筛选出抗逆性强的品种。一般在自然条件下进行田间评价或在人工模拟逆境的控制条件下评价，通过盆栽试验处理与实验室生理生化指标测定相结合的方法进行抗逆性（抗虫害、抗寒、抗旱、耐盐碱、耐热性）评价。

虽然我国在种质资源收集和保存上取得了重要成就，但对种质资源性状评价利用仍有不足。据不完全统计，我国累计评价了 1.6 万份草类植物种质资源的抗旱、抗盐、抗寒等抗性指标和粗蛋白含量等品质指标，筛选出优质苜蓿种质资源 157 份、抗白粉病等苜蓿种质资源 396 份。目前，山西省已对收集的1 355份牧草种质资源进行了生物学特征和农艺性状评价，挖掘和鉴定本土种质资源 40 余种。对 49 份野生草地早熟禾种质资源进行观测和分析，筛选出选育目标优良的种质材料 20 份，并对其抗旱性评价，初步得到 7 份抗旱性强的资源、6 份抗旱性较强的资源；对采集自 17 个地区的达乌里胡枝子野生材料进行农艺性状及抗性评价，筛选出可用于驯化育种的材料 5 份；对 35 份山西野生白羊草种质资源的农艺性状、生产性能及营养价值进行评价，筛选出具有驯化育种价值的材料 6 份。此外，还对赖草、扁蓿豆、华北岩黄芪等野生种质资源进行了评价。截至目前，已获得2 000余份种质材料的农艺性状和生物学特性资料，完成 600 余份材料的抗逆性评价。通过鉴定、评价共筛选出优良性状突出、有栽培和育种价值的材料 100 余份，可直接在生产上利用的草种和种质约 20 份。另外，还对草地早熟禾、达乌里胡枝子、白羊草、狗牙根、赖草、扁蓿豆、披碱草、华北岩黄芪等野生草类种质资源开展了遗传多样性分析，并挖掘优异基因开展新种质创制。

4 山西省牧草选育利用研究

牧草种质资源的研究是牧草育种的基础，野生牧草经过长时间的自然选择，能适应当地的气候环境，有很强的生命力，是草场改良和新草种选育不可缺少的重要物质基础，同时也是现代农业发展的重要遗传资源。未经过人工选育，自然生长的野生牧草相比于人工选育牧草具有不可比拟的优势，是珍贵的天然基因库。将野生的乡土草驯化为栽培品种，是丰富牧草品种多样性，以及解决饲草品种短缺、生态草品种匮乏的主要途径，为筛选及培育优良牧草新品种提供了丰富的基础材料。我国牧草育种起步于 20 世纪 50 年代初，落后于欧美等发达国家半个世纪左右。牧草育种工作起步较晚，发展较缓慢，导致牧草品种少、性状不突出，在数量和质量上与国外相比具有巨大差距。从 20 世纪 60 年代开始，我国即积极开展了对种质资源的研究利用。80 年代左右，逐渐开始进行野生牧草的引种栽培工作。近些年，我国在牧草选育上取得了一定的进展。农业部（现农业农村部）和国家林业和草原局分别于 1987 年和 2019 年成立了全国草品种审定委员会，并分别于 2008 年和 2019 年成立了全国草品种区试网，极大推动了我国牧草育种工作的标准化和规范化。截至 2022 年，我国审定登记的国审草类植物品种有 674 个，其中育成品种为 257 个，占总数的 38.13%；引进品种为 192 个，占总数的 28.49%；野生栽培品种为 161 个，占总数的 23.89%；地方品种为 64 个，占总数的 9.49%。中国农业科学院北京畜牧兽医研究所育成了中苜系列紫花苜蓿新品种，包括耐盐苜蓿‘中苜 1 号’、‘中苜 3 号’、‘中苜 5 号’，以及高产‘苜蓿中苜 2 号’、‘中苜 4 号’和早熟苜蓿‘中苜 7 号’等，推广遍及山东、河北、内蒙古、山西、北京、天津等省区市。中国科学院植物研究所育成中科系列羊草新品种，具有较强的抗逆性，可在内蒙古、河北、黑龙江、新疆、宁夏等地大面积种植。兰州大学草地农业科技学院育成了兰箭系列箭筈豌豆新品种，具有耐干旱、耐高寒、耐盐碱等特性，已在甘肃、青海、西藏、四川、云南等省区大面积推广。四川省草原科学研究院/西南科技大学白史且团队根据青藏高原退化草地改良和人工草地建植的需求，培育了披碱草属老芒麦、垂穗披碱草、短芒披碱草等 6 个品种，多次入选农业农村部、国家林业和草原局和四川省农业农村厅、省林业和草原局主推品种，为草原保护修复和草牧业发展提供了种源保障和技术支撑。这些育成的新品种产生了较大的经济效益、社会效益和生态效益。但总体而言，我国具有自主知识产权的乡土草新品种依然匮乏。另外，审定的乡土草品种以禾本科居多，豆科次之。

山西省牧草选育工作也始于 20 世纪 80 年代，由原山西省农业科学院、山西省牧草工作站和山西农业大学陆续开展乡土草资源的研究利用工作，其中大量工作由山西农业大学草种质资源选育团队牵头完成，80 年代万淑贞教授开展多变小冠花的研究，选育出‘绿宝石’和‘宾吉夫特’2 个小冠花品种。自 2020 年开始，山西省各市林草局、企业开始参与此项工作。截至目前，选育出‘宾吉夫特’多变小冠花、‘绿宝石’多变小冠花、‘晋农 1 号’达乌里胡枝子、‘太行’白羊草、‘黑玫克’燕麦、偏关苜蓿、晋南苜蓿、蓝花棘豆和‘普那’菊苣、‘晋北’赖草、‘太行’草地早熟禾等 11 个国审登记草品种。‘太行’扁蓿豆正在参加国家草品种区域性试验（表 1）。

表 1　1987—2022 年山西省自主选育的国审草品种

品种名称	类别	审定时间	申报单位
晋南苜蓿	地方品种	1987	原山西省农业科学院
蓝花棘豆	野生栽培品种	1991	山西省牧草工作站
‘绿宝石’多变小冠花	引进品种	1992	山西农业大学、原山西省农业科学院
‘宾吉夫特’多变小冠花	引进品种	1992	山西农业大学、原山西省农业科学院

（续表）

品种名称	类别	审定时间	申报单位
偏关苜蓿	地方品种	1993	原山西省农业科学院
‘普那’菊苣	地方品种	1997	原山西省农业科学院
‘晋北’小叶锦鸡儿	野生栽培品种	2004	原山西省农业科学院
‘晋农1号’达乌里胡枝子	育成品种	2014	山西农业大学
‘太行’白羊草	野生栽培品种	2019	山西农业大学
‘晋北’赖草	野生栽培品种	2022	山西农业大学
‘太行’草地早熟禾	野生栽培品种	2022	山西农业大学
‘太行’扁蓿豆	野生栽培品种	区域试验	山西农业大学

‘太行’白羊草是山西省自主驯化选育的国内第一个白羊草新品种，适合于我国华北及中原地区推广种植，既可用于建植栽培草地，供草食动物放牧或割草利用，又可用于退化草地改良、植被恢复与重建，还可以作为山地丘陵区的水土保持植物。该品种具有耐旱、耐瘠薄、抗病虫害、适口性好、叶量丰富、营养价值高、分蘖力强、再生性能较好等优点，属于优质牧草及水土保持植物。目前，山西农业大学草业学院也针对白羊草、草地早熟禾、赖草、达乌里胡枝子等优良牧草进行了抗逆优异基因挖掘，取得了较为不错的成绩。这些优良乡土草新品种的选育与应用极大地推动了我国天然草地的保护与利用，对于促进山西省优良乡土草种质资源的挖掘与创新利用，加快山西省民族草种业及草牧业的高质量发展、建设生态文明和美丽中国的步伐具有重要推动作用。

5 山西省牧草资源研究中存在的问题

5.1 政策与管理

5.1.1 重视不够、经费不足、资源收集不系统

多年来受机构设置、社会认知度和关注度不高等多种因素的影响，草在整个生态系统中的重要地位未受到重视，而乡土草资源的开发利用又仅是其中的一小部分工作，更谈不上被重视。从调研资料来看，山西省有关乡土草的工作是自1980年后开展的，但由于经费不足，存在草种质资源收集不系统、不规范等问题，诸多有价值的资源因收集样本不具有代表性，无法跟进后续评价工作。

5.1.2 收集、评价等标准体系不健全

相较于林业和农作物资源的标准往往细化到具体品种，涉及草类资源的标准主要细

化到禾本科、豆科，然而由于乡土草涵盖的科、属、种跨度大，不同资源间差异明显，无法采用科学的种质描述规范对乡土草进行鉴定、评价，截至目前，评价筛选出的具有栽培和育种价值的资源总数仅约占收集资源数的7.97%。另有山西省珍稀濒危种、特有种和野生近缘乡土草资源未得到及时的鉴定评价，未受到相应措施保护，面临减少甚至消失的风险。

再有，植物表型具有很强的可塑性，是自身基因表达和环境影响互作的结果，表型检测与植物育种息息相关。然而现有的评价体系主要将收集到的乡土草资源统一在异地种植、评价，在异地种植过程中由于不处于原生环境中，无法最大限度地体现其特有的优异性状，导致在筛选评价时许多有利用价值的乡土草资源被淘汰。

5.1.3 种质资源库、种质资源圃、繁育基地建设落后

种质资源库主要用于保存优异种质的遗传特性和生活力，对于品种改良，以及培育高产、优质、抗逆性强的新品种有着重要的价值，并为生物学的理论研究提供丰富的研究材料。种质资源圃通过原生境保护，对野生近缘植物以及具有重要经济价值的野生种质资源集中分布区进行重点保护。区域性良种繁育基地是保障乡土草供种数量、质量的重要基础，可为山西省乡土草种源供给提供主要来源。截至目前，山西省虽然初步建立了牧草种质资源圃，但建设规模和布局仍亟待在相关部门的大力支持下得以提升。

5.1.4 资源共享体系不健全

资源共享是牧草种质资源研究工作的中心任务，但是目前山西省对于牧草种质资源共享政策法规、共享机制及运行管理等各项工作的组织与建设刚刚开始，尚未建立牧草种质资源的标准化数据库及共享信息系统。建成的种质资源库存在信息共享不足、利用率不高等问题。另外，已经审定的牧草品种尚缺乏网站或平台的整理汇总，较早选育的品种信息不全、材料丢失现象严重，导致育成品种推广应用率低。

5.2 专业队伍建设

5.2.1 培育新品种的意识淡薄

我国的社会生产力水平不高，长期依赖于引进国外品种及购买进口饲草导致我国草地畜牧业生产对进行自主牧草育种的进程推进缓慢。除此以外，牧草生产者选择使用新品种的主动性较差、意识淡薄，使得原本就为数不多的新品种很难大范围推广应用，这在一定程度上限制了科研人员培育新牧草品种的积极性以及牧草品种选育工作的进程。

5.2.2 技术力量和支持力度不足

我国真正选择从事牧草育种工作的科研人员人数有限，全国大约设有400多家公共科研院所，却只有5万多人从事种子研发，而在这5万人中仅有一小部分为牧草育种科研人员。另外，国家对培育牧草新品种研发投入资金、人力较少且分散，培育

新牧草品种所必需的仪器落后、设备未及时更新也是牧草选育进程发展中的一大阻力。

5.3 资源驯化选育

5.3.1 优异基因挖掘利用不足，育种进程缓慢

乡土草抗逆性强，蕴含强大优异抗逆基因资源。但长期以来缺乏对乡土草种质资源的精准表型鉴定，并且由于乡土草天然异交率高、多倍体遗传、杂合体等生物学特性，人们很难挖掘优异性状关联分子标记，从而限制了其分子育种进程；严重的近交衰退、自交不亲和以及品种内个体间具有较大的遗传变异和表型差异等特点，限制了其功能基因组研究和育种的发展。自 1987 年全国牧草品种审定委员会成立以来，共审定草品种 674 个，而山西省选育审定的国审草品种仅有 11 个，1 个品系进入农业农村部草品种区域试验，占收集草种数的 3.46%。选育的品种绝大多数存留在育种家手中，未能得到推广应用。

5.3.2 传统育种进展缓慢，分子育种利用不足

我国牧草育种工作起步较晚，积累少，方法较为落后，且乡土草遗传背景复杂，生物学基础研究薄弱，多年生的特性使其重要性状评价和鉴定周期长，现有的牧草品种大多是通过驯化选育和常规育种选育而成，育种效率低。另外，对于绝大多数牧草而言，受限于其异花授粉、多倍体遗传、杂合体等生物学特性，以及缺乏基因组信息、突变体库和稳定遗传转化体系的研究现状，目前尚不能开展基因编辑研究，极大地限制了乡土草的分子育育种进程，导致分子育种方法在牧草上的应用尚不成熟。我国目前虽有 26 个优质、高产的转基因牧草新材料已经获批了农业农村部中间试验，但距离审定为转基因新品种的中间环节需要进一步梳理。山西省的牧草分子育种研究人员较少，进展更为缓慢，目前仅获得几个抗逆的紫花苜蓿创新种质。

6 山西省牧草资源未来研究重点

6.1 牧草资源收集与评价

6.1.1 制定并优化收集、鉴定标准

借助国家林业和草原局及山西省林业和草原局组织开展草种资源普查之势，依据气候条件、地形地貌和植物群落分布特征，参照《草地资源调查技术规程》《草种质资源描述规范》制订区域普查、收集规划和方案，依托各市、县（市、区）林草局、试验站技术力量在山西全境内开展草种资源收集工作。及时进行整理、鉴定、登记、保存采集的野生及乡土草种质资源等，根据普查结果在主要草种优势生长区域建立野生草种质资源保护区或者保护地，并及时向社会公布有价值的草种质资源名录，同时在采集地加

大收集力度，确保此类乡土草资源得以充分收集。

坚持广泛收集与重点收集相结合的原则，广泛收集资源库尚未保存的牧草种质，包括野生和栽培品种，增加物种多样性，并加强对珍稀濒危种、特有种、野生近缘种、乡土草种及地方品种的保护和利用。同时，针对资源库中一些利用价值高、应用广泛的重点属种定期开展查漏补缺工作，加强重点属种的专门收集，以涵盖重点属种的各类突变群体、生态型群体，提高重点属种的完整性。

2021 年，为全面摸清山西省林草种质资源现状，切实加强林草种质资源的保护、开发和利用工作，按照《国家林业和草原局关于印发〈第一次全国林草种质资源普查与收集总体方案〉的通知》要求，结合山西省实际，2021—2024 年开展全省林草种质资源普查工作，山西农业大学草业学院负责进行全省 120 余县（市、区）草种质资源普查工作。借助资源普查的时机，系统制定并优化资源收集、鉴定标准，为后续工作推进奠定基础。

6.1.2 建立科学评价体系

在种质资源评价方面，可以采用红外光谱技术、近红外光谱技术、图像处理技术等，准确、多层次、全方位地评价牧草的表型多样性、生物量、抗性等重要特性。将表现突出的种质资源统一收集，多年多点在山西省典型生态区进行种植，通过全生育期监测及评价，综合原生地及异地的表型数据，在表型水平构建乡土草种的初级核心种质库。

利用现有相近物种的基因组信息，设计并筛选适宜的分子标记引物。构建系统进化树，利用分子标记手段梳理各类种质资源的遗传多样性，明确不同种质资源间的遗传距离，厘清不同乡土草种资源间的进化关系。构建基因型遗传多样性数据库，完成牧草种质资源系统性的评价工作，在已构建的高密度分子遗传连锁图谱基础上开展高产、抗旱、耐盐碱、抗病等重要性状的分析，为后期抗逆基因的精细定位及基因克隆提供重要的分子基础。

同时，注意建立完整的数据库和分析平台，以便更好地进行数据处理和分析，开发更加高效和准确的评价方法，为牧草育种提供更多的技术支持。

6.2 牧草资源保存与利用

建立健全种质资源圃和资源库相结合的牧草种质资源保存利用体系，为牧草育种提供更多的遗传资源。

6.2.1 建立种质资源库（圃）

依托省内农作物种质资源平台、科研机构，根据种质贮藏需求集中建设具有一定规模的长期库、中期库和短期库，在用于保存具有山西地域特色的高产、优质、抗逆性强的种质和生物学研究材料的同时，还可推动信息共享，共同打造草种资源开发与利用的生态圈。

对在采集过程中的草类种质资源丰富、利用价值高的区域，确定为优质采种种质资源圃基地，可依托各市、县（市、区）林业和草原局对种质资源集中分布区进行重点保护。对珍稀濒危草类重点保护，可参考大熊猫保护模式，采取集中就地保护、局部异地保护措施，建立原生境保护基地，完善监测、管理设施。有条件的话，根据山西地理区划，在晋北、晋中、晋东南和晋南启动种质资源圃建设，开展地方特异草种质资源的保存、鉴定和评价工作。

6.2.2 建立草种繁育基地

科学规划、合理布局，按照草类植物的资源禀赋特点，划分区域，确定繁育方向及任务。树立以源为本的繁育理念，基于山西省的生态分区划分种源区，确保优异草种质资源的适宜性；建立种源区草种库名录；建立山西省特异性种质资源和已选育登记的‘晋农1号’达乌里胡枝子、‘太行’白羊草、‘晋北’赖草、‘太行’草地早熟禾等草种繁育基地，为优质人工草地的建植和退化草地生态修复提供种源保障。

6.2.3 健全资源共享利用机制

健全种质资源共享利用机制是促进生物多样性保护、农业可持续发展和科技创新的重要举措。

首先，应建设种质资源数据库和信息平台。将收集到的各类种质资源的信息进行整理，形成标准化的数据格式，建立相关数据库便于资源的管理和共享。其次，在种质资源交流与利用的过程中，需制定和完善种质资源保护和利用的法律法规，明确种质资源的所有权、使用权和利益分配机制，保护资源提供者的合法权益，建立种质资源共享的法律框架，明确共享的原则、程序和管理机构，确保种质资源可以公开、便捷地为相关科研人员所研究、利用。

6.3 牧草育种体系创新

6.3.1 构建核心种质库，挖掘优异基因

按照科属进行划分，将广泛分布于山西省的乡土草及异地的优质草种资源与已知的分子标记进行连锁，利用均匀覆盖在染色体上的标记，确定抽样比例，构建核心种质。采用多种不同的方法，如 Mstrat、Random、REMC、SBS 和 SFS 等，构建不同的核心种质库。通过对种质是否具有代表性进行评价和分析，选取遗传结构和多样性方面均具有较好代表性的乡土草和其余优异种质资源，确定为最终的核心种质库。筛选出分布在多条染色体上的分子标记，将其作为区分乡土草遗传关系的标记加以利用，为乡土草及新品种（系）鉴定和品种纯度检测提供分子证据。

基于丰富的乡土草资源，结合多组学手段，以基因型与表型等组学大数据为依托，通过对基因组数据、转录组等多组学数据、表型数据及优异等位基因数据的整合，实现对优良乡土草优异性状调控基因的快速挖掘与鉴定。根据收集的不同类型乡土草种资源的抗性评价结果，分别挑选抗性差异较大的种质材料，初步分析调控抗性的可能关键基因和代谢产物，通过转录组学挖掘调控乡土草种质资源抗性的关键功能基因，对筛选出

的关键基因进行功能分析及克隆，并在模式植物中进行转化验证，确证所筛选关键基因的功能。将各个种质材料的分子标记与优异性状关键基因进行关联分析，开发与其性状关联的分子标记，为进一步创制抗逆优异新种质奠定基础。

6.3.2 加强生物学基础研究，解析优异性状形成机制

目前，针对乡土草的生物学基础研究较为薄弱。我国丰富的乡土草种质资源中蕴藏着大量抗寒、抗旱、耐盐碱、抗病虫等优异基因，但是，乡土草大多也具有落粒严重、结实率低、发芽率低等不利性状，严重限制了乡土草的创新利用。因此，开展重要农艺性状和抗逆性状形成的生物学基础研究对乡土草创新育种十分必要。但是，目前我国乡土草的基因组信息缺乏，控制牧草重要农艺性状的基因调控网络尚不清楚，加之大部分牧草转基因和基因编辑体系尚未建立，所以极大地限制了乡土草的遗传改良。因此，首先，要加大对牧草基因组、转录组学、蛋白组学、代谢组学等多维组学数据的开发和整合分析，广泛挖掘控制牧草复杂农艺性状的基因模块，解析重要性状形成的分子机制。其次，要建立成熟的牧草遗传转化和基因编辑体系，对控制牧草复杂农艺性状的基因调控网络进行解析，最终实现对牧草重要农艺性状的定向改良。

6.3.3 创制新种质，选育新品种

以乡土草为基础，培育适合本土的优异草种材料。首先，制定育种目标，根据优良品种在生产中的不同作用，如提高饲草产量、改善饲草品质、增强抗逆性、改良沙化、退化草地、保持水土等角度，对乡土草进行改良。其次，根据育种目标，筛选育种材料，将现有的乡土草及异地优异种质资源作为研究对象，以地方品种、野生种为供体，通过远缘杂交、理化诱变、基因工程等技术手段，向主导选育品种导入新的优异基因，剔除遗传累赘。依托传统育种技术，辅以早期选择、聚合育种、诱变育种、倍性育种、细胞工程育种、分子标记辅助育种、转基因育种及分子设计育种等新技术，加快育种进程。最终选育出区域适应性强的优良草种，规模化创制遗传稳定、目标性状突出、综合性状优良的新品种。

参考文献

董宽虎，朱慧森，佟莉蓉，等，2010. 山西牧草种质资源［M］. 北京：中国农业科学技术出版社.

方媛，2021. 牧草种质资源与育种研究概况［J］. 安徽农学通报，27（20）：26-27.

高飞，严勇敢，吉万全，等，2021. 陕西农作物种质资源搜集保护与创新利用研究进展［J］. 植物遗传资源学报，22（5）：1175-1183.

郭娅，欧江涛，覃成，等，2021. 立足生物资源研究前沿，促进山西植物资源多元化发展：中国生物工程学会第十四届学术年会饲用高蛋白植物资源开发利用研讨会概述［J］. 中国生物工程杂志，41（11）：124-125.

洪军，陈志宏，李新一，等，2017. 我国牧草种质资源收集保存现状与对策建议［J］. 中国草地学报，39（6）：99-105.

金京波，王台，程佑发，等，2021. 我国牧草育种现状与展望［J］. 中国科学院院刊，36（6）：660-665.

林克剑，刘志鹏，罗栋，等，2023. 饲草种质资源研究现状、存在问题与发展建议［J］. 植物学报，58（2）：241-247.

刘志鹏，刘文献，杨青川，等，2023. 我国牧草育种进展及存在问题［J］. 中国科学基金，37（4）：528-536.

卢新雄，王力荣，辛霞，等，2023. 种质圃作物种质资源安全保存策略与实践［J］. 植物遗传资源学报，24（1）：32-43.

南志标，王彦荣，贺金生，等，2022. 我国草种业的成就、挑战与展望［J］. 草业学报，31（6）：1-10.

孙海莲，2021. 内蒙古野生牧草资源现状、保护存在问题及对策［J］. 草原与草业，33（2）：60-62.

万淑贞，赵辅宝，张启明，1987. 山西省主要栽培牧草自然区划意见［J］. 山西水土保持科技（2）：2-5.

谢文刚，刘志鹏，刘公社，等，2023. 我国乡土草选育的现状、关键科学问题及发展方向［J］. 中国科学基金，37（4）：552-559.

NGUYEN G N，NORTON S L，2020. Genebank phenomics：A strategic approach to enhance value and utilization of crop germplasm［J］. Plants，9（7）：817.

PATHIRANA R，CARIMI F，2022. Management and utilization of plant genetic resources for a sustainable agriculture［J］. Plants，11（15）：2038.

UPADHYAYA H D，GOWDA C L L，2009. Managing and enhancing the use of germplasm strategies and methodologies［M］. Hyderabad：International Crops Research Institute for the Semi-Arid Tropics.

山西省草种业存在的问题及出路

夏方山　佟莉蓉

（山西农业大学草业学院）

摘要：随着党和国家对生态文明建设和民族种业发展的日益重视，山西省草种业得到了快速发展，但仍然存在诸多问题。因此，结合山西省草种业发展现状及存在问题，从建立草种质量监管体系、完善草种政策保障体系、构建自主产权创新体系、构建社会资金准入机制等方面提出了山西省草种繁育基地建设的建议，以期为把山西省建设成为草种业强省提供坚实的保障基础，从而提高山西省草种业的自主供给能力。

关键词：山西省；草种业；发展现状；良种繁育；基地建设

引言

草种业不仅是促进草牧业健康稳定发展，以及保障国家粮食安全、生态安全和社会稳定的基础性产业，更是关系到国际市场生存竞争力的战略性产业。在建设生态文明和美丽中国的大时代背景下，不断深化新形势下农业结构改革、加快推进新时代草业现代化建设已成为我国全面贯彻落实习近平生态文明思想的重要途径，这客观上必须依赖发达的民族种业来提供坚实的保障基础。因此，深入贯彻落实习近平"要下决心把民族种业搞上去"的伟大号召，加快发展我国现代草种业，提升我国草种业发展水平与草种供给能力，有效破解制约我国草种业发展的关键"卡脖子"问题，是构建我国重要粮食安全和生态安全屏障、促进草原生态保护修复和草牧业绿色高质量发展的关键所在。

近年来，山西省委省政府积极贯彻落实党中央和国务院的战略发展决策，"以实施创新驱动乡村振兴、科技助力精准脱贫为总抓手，以推进农业供给侧结构性改革为主线，以提升现代化农业科技创新水平为目标"来探索跨越式转型发展新道路，构建了"南果中粮北肉"出口平台，注重"两山七河一流域"生态修复治理，强化现代草牧业高质量发展，这些措施提升了山西省生态文明建设和草牧业发展对草种数量和质量的市场需求，因而亟须明确山西省草种供需现状、存在问题及解决途径，以期更好地推进山西省草种业高质量发展步伐。

1 山西省草种业发展现状

草种是发展现代畜牧业、修复退化草原生态系统、调整种植业结构、建设美丽乡村、实现美丽中国的物质基础和基本材料。随着草原生态保护修复、国土绿化、“三北”等重点生态工程的持续推进，我国对各类草种的需求将持续增长，预计2024年我国各类草种总需求量为18万~20万t，其中，生态类草种的总需求量在11万~12万t（图1），包括生态修复用草种7万~8万t，草坪草草种约4万t；饲草草种需求量6万~8万t。

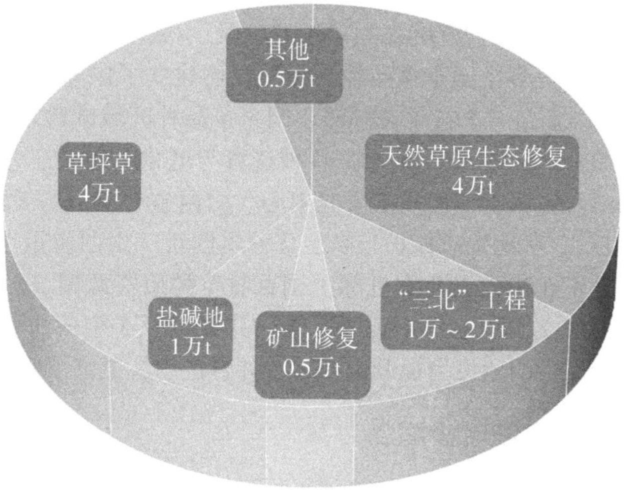

图1 2024年度我国各类草种需求预测

随着我国草牧业的发展、种植结构调整、生态文明建设以及粮改饲等政策的实施，山西省对各类优良草种子的需求量和供给量也保持持续增长趋势，山西省的民族草种业得到了进一步提升，在乡土草种质资源收集鉴定、挖掘利用及新品种培育、产业化发展及标准化建设、良种繁育推广及基地建设等方面均取得了一定的成绩，为推动山西省及其周边区域的草牧业高质量发展和草地生态修复与保护奠定了坚实的保障基础。

1.1 草种需求量和供给量逐渐增加

随着“粮改饲”等农业结构改革的不断深化，山西省草牧业蓬勃发展并迅速崛起，涌现出了骏宝宸农业科技股份有限公司、奔康牧草开发有限公司、永济市超人奶业有限责任公司、晋草生态环境有限公司等一大批草牧业龙头企业，牧草种植面积逐年增加，草种需求量持续增长，全省紫花苜蓿（*Medicago sativa*）、青贮玉米（*Zea mays*）、燕麦（*Avena sativa*）等优质饲草种植面积达250万亩。此外，甜高粱（*Sorghum bicolor*）、饲用小黑麦（*Triticale*）、多年生黑麦草（*Lolium perenne*）、达乌里胡枝子（*Lespedeza davurica*）等牧草种子需求量也出现了市场需求。

近年来，山西省林业和草原局在全省科学划定乡土草种生产适宜区域，目前共建成12个乡土草种繁育基地，面积达6 500亩。2022年，山西省收获高冰草草种4 400 kg、紫花苜蓿草种3 600 kg、小冠花草种2 100 kg、胡达子草草种1 200 kg、扁穗冰草草种900 kg，草种产量的提高加快推进了山西省草原的生态修复治理，改善了草原生态状况，进一步推动了草种业高质量发展。

1.2 草种自主创新能力明显提升

山西省长期重视优良乡土草种质资源的收集、评价与创新利用，已选育出了偏关苜蓿（*Medicago sativa* ‘Pianguan’）、晋南苜蓿（*Medicago sativa* ‘Jinnan’）、蓝花棘豆（*Oxytropis caerulea*）、‘普那’菊苣（*Cichorium intybus* cv. Puna）、‘晋农1号’达乌里胡枝子（*Lespedeza davurica* cv. Jinnong No. 1）及‘太行’白羊草（*Bothriochloa ischaemum* cv. Taihang）等多个国审草品种。此外，还建立了国家林业和草原局“国家草品种区域试验站（太谷）”、农业农村部“国家草品种区域试验站（榆次）”、国家牧草产业技术体系综合试验站（朔州）、“草种选育与退化草地生态恢复及利用”山西省科技创新团队、山西省草业工程技术研究中心、山西省“1331工程”北方农牧交错带草业工程研究中心、“草地生态保护与乡土草种质创新”山西省重点实验室等7个草种自主创新平台，且正在建设农业农村部“国家牧草种质资源圃（太谷）”平台，山西省林业和草原局也成立了草品种审定委员会，并确定了5个山西省草品种区域试验站，这些新品种创新平台的建设为提升山西省草种自主创新奠定了坚实的保障基础。

1.3 草种育繁能力进一步增强

近年来，山西省委省政府高度重视种业发展，山西省农业农村厅及山西省林业和草原局积极在全省范围内谋划布局种子生产基地建设，依托省内草牧业龙头企业和九大省直林局为依托，初步建立了草种业的繁育推体系，为形成草种繁育、生产加工、贮运销售等一个相对完整的产业链条奠定了基础保障，以政府部门为主导、以科研院校为指导、以社会企业为主体的草种育繁推体系已开始在山西省初步显现。

1.4 草种选购渠道日趋多元化

山西省草种需求量的增加明显促进了区域市场供给能力的提升。截至2021年底，山西省内大小草种经销商已达40余家，草种选购渠道也发展为省内企业、省外企业和自产自需3种，其中：省外企业占比为44.4%；自产自需企业占比高于33.3%，主要扩繁紫花苜蓿和燕麦种子以保自产自需；省内企业占比却低于22.2%。

2 山西省草种业发展存在的主要问题

截至2023年8月20日统计（表1），全国主要草种生产区种子收获面积约为49.97万亩，种子总产量为2.91万t。“三北”地区是我国草种生产的主产区，其草种收获面积约为47.13万亩，产量为2.77万t，占全国总产量的95.19%。对比其他省区草种生产情况来看，山西省草种需求量及供应能力均有明显提升，但山西省草种业水平在全国层面上仍比较落后，并存在诸多比较突出的问题和挑战，已成为区域生态建设及草产业发展的重要瓶颈。

表 1　2023 年全国草种生产情况

地区	收获面积/万亩	种子产量/万 t
青海	21. 18	1. 28
甘肃	5. 38	0. 75
陕西	6. 64	0. 27
宁夏	1. 35	0. 26
内蒙古	5. 87	0. 12
新疆	4. 07	0. 03
其他	5. 48	0. 20
合计	49. 97	2. 91

注：统计时全国草种主要生产区种子收获已基本完成。

2.1　乡土草种资源评价少，创新利用率严重不足

乡土草种质资源是草原生态保护修复和绿色发展的重要基因资源，也是高质量发展民族草种业的核心所在。山西省境内“两山七河一流域”，地形起伏多变，因而拥有较为丰富的乡土草种质资源，近年来山西省农业农村厅及山西省林业和草原局对乡土草种质资源的收集与利用越来越重视，已组织相关科研院校和企业开展了大量工作，在乡土草种选育培育、驯化繁育、良种推广、基地建设、产业化发展等方面取得了初步进展。然而，草种质资源保护和鉴定设施装备水平低、技术和方法较为落后，收集和评价及鉴定的周期相对长、效率低下，导致山西省乡土草种质资源家底不清、基因不明、收集鉴定不系统且不完整、利用不充分等问题仍然较为突出。

2.2　草种自主创新能力弱，育成品种市场占有率极低

山西省虽已自主选育出了多个国审草品种，但草类植物育成品种数量仍然相对较少，难以满足区域生态修复、饲用、观赏等对草品种的多元化需求。高产优质牧草品种是保证我国草牧业可持续发展的关键，截至 2023 年，全国草品种审定委员会共审定登记草品种 690 个，而山西省登记的国审草品种仅占 1. 6%，这远低于国内其他草牧业发展大省。此外，本土草品种适应性好、产能稳定，但受限于生产技术、设施设备、体制机制等，品种潜力未得到充分发挥，加上品种更新换代慢，长期使用中已出现重度混杂退化问题，生产性能严重降低，难以保持纯度和效能。因此，山西省育成草种市场占有率极低，急需加强草种产业科技创新能力建设和自主产品的研发，提升自主创新草种的市场份额。

2.3 良种扩繁基地几乎空白，适宜草种供需矛盾突出

我国草种子生产较发达国家晚，经过几十年的发展，草种生产量虽然在稳步上升，但建植高质量人工草地的商品草种和草坪草种子约 1/3 依赖进口（表 2）。钱永强认为："长期大量进口草种不仅持续加剧国产草种业自主创新的压力，对草种国产化发展和产业体系完善升级也带来巨大障碍，并会由此引发生物入侵等生态安全风险。"而且随着国土生态治理等的需要，生态草种（特别是乡土草种）的供需矛盾更加凸显。山西省草种子生产近几年虽有增长的趋势，但相对约占全省土地面积的 20%、总面积4 657.66 万亩的山西草原而言，乡土草种繁育基地和草种产量还远远不足。由于自主研发能力相对较弱、从事草种良种繁育机构偏少、良种扩繁技术不规范、产业化与标准化种子生产技术相对落后等各种因素限制，山西省草种产量低和质量差，85%以上的优质牧草种依赖进口，难以实现"产学研用"相结合的育繁推一体化现代草种业繁育体系，更无法彻底实现草种业生产国产化和解决国内优质草种供求矛盾。此外，进口品种的适应性品种试验不足，导致省内牧草品种选择主要依赖公司营销推荐，相关草牧业生产企业或个人无法自主选择适宜区域种植的优良牧草品种，在生产实践中经常造成无谓的经济损失。

表 2　2020—2023 年我国草种生产及进口情况

年份	草种生产量/万 t	草种进口量/万 t
2020	2.99	6.93
2021	3.48	9.96
2022	1.68	6.84
2023（1—8 月）	2.91	4.46

2.4 草种质量监管较为匮乏，市场草种质量良莠不齐

草种市场监管机构不健全，缺乏草种质量认证，品种权难以得到有效保护，因而市场流通种子缺少标签或标签不规范，草种质量偏低，这是我国草种业发展的普遍现状。山西省内至今也未有专门的草种质量检测和草种质量监管机构，更未形成高校、科研院所和企业组成的各种草育种联盟或协作组织，故而不能有计划地组织生产和销售，更没有在国际牧草种子生产与贸易中形成了健全的法律制度和完善的种子质量管理机构，无法实现检测结果的互认和共享。

2.5 政府扶持力度不足，政策和资金引导严重缺乏

山西省草种市场发育还不成熟，草品种权保护等执行力度不够，缺少对新品种推广应用的扶持政策和专项资金。目前，山西省草种的选育与良繁工作至今仍然是完全依赖政府草种业扶持政策和资金投入的基础性和公益性研究，因而资金投入不足且没有持续

性保障，这需政府部门积极鼓励和引导社会资本进入草种业技术研发和产业化生产，形成草种产业化的多元投资机制，构建分工合理、配合密切的先进种业创新体系，有效发挥基金在草种业的品种创新、企业培育、成果转化以及人才激励等方面的市场化优势，着力提升山西省草种业的核心竞争力。

3 山西省草种业发展的出路

建立符合区域草牧业发展和生态文明建设需求的草种繁育基地是山西省应对草种业面临机遇和挑战的根本出路，只有建立起具有自身区位优势特色的草种产业，才能在未来竞争中掌握国内外市场和产业的制高点，从而彻底摆脱受制于人的“卡脖子”被动局面，赢得产业发展的主动权，使草种业成为山西省草产业的亮点和社会经济发展的新增长点。

3.1 健全法律法规，建立草种质量监管体系

质量监管松散是抑制山西省草种繁育基地建设积极性的根本所在。因此，着手建立草种质量监管和检测机构，开展草种认证和质量监督检测工作，并在《中华人民共和国草原法》《中华人民共和国种子法》的基础上，进一步推进《草种管理办法》等各项法律法规的执行工作，完善相关标准体系，做到有法可依、有章可循，强化草种的市场监管和行政执法，严厉打击制售假冒伪劣种子行为，切实保护优良品种的生产者和消费者的正当利益，维护市场秩序，为草种繁育基地建设的可持续性提供法律保障基础。

3.2 加强组织领导，完善草种政策保障体系

政策保障乏力是限制山西省草种繁育基地建设的关键问题。因此，草种业主管部门要密切合作，切实加强对草种业工作的组织领导，抓紧出台草种业发展扶持政策，建立地方财政对草种繁育基地建设的投入保障机制，加大地方财政对草种繁育基地建设的支持力度，及时解决草种业发展中遇到的问题，把草种工作抓细抓实抓好，为实现草种子生产的规模化、专业化以及提高种子生产者的经济效益，为草种子生产经营企业提供政策保障和风险补偿，在实施草原生态修复、草牧业发展、国土绿化等重大工程项目建设过程中要优先使用国产引进草种和优良乡土草种，尽快出台草种生产补贴政策和定向采购认证种子政策，减免草种生产企业税收，为草种繁育基地建设的可持续性提供政策保障基础。

3.3 强化科技支撑，健全自主产权创新体系

科技支撑不力是制约山西省草种繁育基地建设的战略难题。因此，以重大科技项目为抓手，夯实草种质资源科技创新的物质基础，构建草种业科技创新体系和转化平台，强化草种业创新发展机制，推动以企业和科研院校为主体的研究技术创新的紧密合作，促进产学研合作机制的进一步融合，建立健全科研、生产、管理紧密结合的良种繁育和推广机制，以院校、科研单位、草种经营企业联合协作等方式建立稳定集中的种子生产

基地，形成以市场为导向、资本为纽带、利益共享、风险共担的产学研相结合的草种业发展与合作机制，为建设草种业强省提供坚实的科技支撑，提高草种业的国产化率。

3.4 开辟投资渠道，构建社会资金准入机制

资金投入不足是阻碍山西省草种繁育基地建设的核心问题。因此，草种业主管部门应想方设法加大草种繁育基地建设经费投入，开辟草种投资新渠道，广泛吸引社会资本参与草种繁育产业发展，鼓励金融机构为草种繁育企业提供金融优惠政策，强化金融支持，构建多元化投资或融资渠道，建立草种发展基金，鼓励支持各种经营主体通过并购、参股等方式进入草种业，健全长期稳定增长的草种业资金投入机制，加大草种质资源保护、种子生产基地建设投入力度，优化资源配置，培植具有核心竞争力和较强国际竞争力的“育繁推一体化”草种企业，扩大良种补助资金规模，为草种繁育基地建设的可持续性提供资金保障基础。

4 结束语

山西省草种业也迎来了自己发展的春天，在草种需求量急剧增加的同时，其自主创新能力及草种市场供给能力也有所提升，但仍然存在着乡土草种资源创新利用率低、育成品种市场占有率低、良种扩繁基地几乎空白、草种质量监管较为匮乏、政府扶持力度不足等诸多问题。因此，应从建立草种质量监管体系、完善草种政策保障体系、构建自主产权创新体系、构建社会资金准入机制等方面强化草种繁育基地建设，使全省草种繁育支撑体系建设更加完善、草种业发展水平可以稳步提升、乡土草种生产能力不断增强，逐步建立起满足山西省国土绿化和草原生态修复治理乡土草种的基本需求和国内市场竞争需要的现代草种业。

参考文献

白史且，张建波，2020. 我国草种业技术标准体系构建的现状和建议［J］. 草学，(4)：1-7，24.

古琛，贾志清，王迎新，等，2021. 中国草种业标准现状分析［J］. 草业科学，38(8)：1657-1662.

刘芳，闫敏，王显国，等，2019. 对我国开展草种认证工作的思考［J］. 种子，38(9)：153-156.

刘加文，2016. 大力发展中国草种业［J］. 中国畜牧业，(9)：56-57.

南志标，王彦荣，傅华，等，2021. 乡土草抗逆生物学［M］. 北京：科学出版社.

全国草种业研究工作室. 2024 年度全国草种供需分析报告［EB/OL］.（2023-10-20）［2024-02-10］. http：//www. forestry. gov. cn.

山西省林业和草原局. 关于加强乡土草种繁育基地建设的指导意见［EB/OL］.（2023-02-01）［2024-02-16］. http：//www. lcj. shanxi. gov. cn.

王雪萌，张涵，宋瑞，等，2021. 中美牧草种子生产比较［J］. 草地学报，29（10）：2115-2125.

张一诺，2021. 草种业科技创新与产业发展存在问题及建议［OL］. 贤集网：https：//www. xianjichina. com/news/details_284951. html.

中国产业调研网，2023. 中国草种行业现状与前景趋势报告（2021—2027 年）［EB/OL］. ［2024-03-17］. https：//pdfs. cir. cn/NongLinMuYu/97/%E8%8D%89%E7%A7%8D%E5%B8%82%E5%9C%BA%E5%89%8D%E6%99%AF%E5%88%86%E6%9E%90_3022897. pdf.

MCCORMICK M，CARR A，MASSATTI R，et al.，2021. How to increase the supply of native seed to improve restoration success：the US native seed development process［J］. Restoration Ecology，29（8）：e13499.

SIMONE P，KINGSLEY W，2021. International principles and standards for native seeds in ecological restoration［J］. Restoration Ecology，28（S3）：S286-S303.

山西省草产品加工现状、问题和出路

许庆方

（山西农业大学草业学院）

摘要：在粮食安全战略、大食物观理念下，山西省草产品加工能力稳步提升，丰富化了窖贮、包贮、方捆、圆捆、全株、高湿玉米等品类，构建了服务牧草产业链发展的现代牧草产业技术体系，推广应用了草产品检测技术，草产品质量标准逐步建立。然而，草产品加工机械支撑有待提升，低损高效加工技术研发有待突破，草产品市场培育有待开发。要进一步立足资源优势开发特色草产品，壮大产业队伍培育龙头企业，加强基础研究充实人才队伍，推动草产品加工业高质量发展，在推进乡村全面振兴中发挥草产品加工业的重要作用。

关键词：山西省；草产品；加工

引言

草产品是指以牧草饲料作物为原料，将其适时收获并经一定加工工艺调制而成的各种饲草初级产品，包括广义的草产品和狭义的草产品。广义的草产品是指所有以草为原料生产的产品，包括饲用草产品、食用草产品、药用草产品、工业用草产品、绿化草产品以及工艺型草产品；狭义的草产品是指用于饲喂畜禽的饲草类产品，包括来源于天然草地和人工草地的牧草、饲料基地的饲料作物以及农副产品加工调制而成的产品。目前，国内饲用草产品的种类较多，分类方法也多种多样。通常按加工调制方式可将饲用草产品分为鲜草产品、干草产品、发酵草产品（包括青贮和微贮产品）、氨化草产品、混合（或配合）草产品和成型草产品等几类。也可按调制加工后形成的草产品形态、形状将草产品分为散干草、干草捆、草粉、草块、草砖、草颗粒等。草产品加工是指以天然或人工牧草和农副产品为原料，通过收获、加工、贮藏、检测等过程，生产出可满足家畜饲喂需求、符合一定质量标准且方便流通的草产品的过程，包括原料的收获，干草产品（干草和草捆）、干草粉、成型草产品（草颗粒、草块、草砖）、青贮（高水分青贮、半干青贮、混合青贮、添加剂青贮）的加工、草产品深加工（叶蛋白、膳食纤维、黄酮、皂苷、叶绿素等物质的提取与加工），优质全价草产品加工，以及非常规饲草产品开发和利用。截至2020年底，山西省饲草年总产量达到496万t，饲草年总产值达到12.8亿元。此处的饲草产品，主要是青贮玉米、苜蓿、饲用燕麦、饲用小黑麦等饲草加工而成的产品，不包括作物秸秆的草捆、黄贮。在粮食安全战略、大食物观理念下，加强作物秸秆回收饲用，成为当前或者一段时间内的重要任务，需要涵盖于草产品之内。

1 山西省草产品加工现状

1.1 加工能力稳步提升

通过大力培育饲草龙头企业和规模化饲草加工企业，加强牧草加工基础设施建设，支持牧草企业建设草棚草库，配套先进的饲草收获、加工、贮运等机械设备，一批有影响力和示范带动作用较大的饲草龙头企业茁壮成长，提升了饲草加工能力和水平。山西省饲草种植加工企业发展到 263 家，其中雁门关区域饲草种植企业 169 家，占山西省的 92%，饲草加工企业 47 家，占山西省的 92%，饲草种植加工一体化企业 20 家，占山西省的 74%，拥有大型饲草机械 214 台套、中小型饲草机械6 630台套。

正是在企业涌现、机械助力下，山西省草产品加工能力逐步稳升，保障了优质饲草的供应，有力促进了草食畜牧业高效发展。2020 年全省奶牛存栏 38. 2 万头，比 2015 年增长 79. 2%，奶产量 117 万 t，每产出 1 t 牛奶的精饲料用量减少 12%。全省肉牛存栏 79 万头、出栏 48 万头，比 2015 年增长近 2 倍。全省羊存栏 970 万只、出栏 573 万只，比 2015 年分别增长 58. 5%、16. 5%。

在奶业振兴苜蓿发展行动计划、“粮改饲”等政策推动下，山西省草产品加工品类由最初的窖藏黄贮、散秸秆露天堆贮，逐步变成以窖藏全株玉米青贮、拉伸膜裹包青贮玉米、拉伸膜裹包苜蓿青贮、苜蓿干草方捆、饲用燕麦干草圆捆、饲用小黑麦干草圆捆、饲用燕麦窖贮、饲用小黑麦拉伸膜裹包青贮、高湿玉米拉伸膜裹包青贮等产品品类为主，配合以秸秆绿贮、黄贮、散贮。例如，在全株玉米青贮饲料加工利用稍晚的晋中市榆次区，2015 年全区全株青贮玉米种植和应用分 4 种情况。第一种情况是通过土地流转、租用土地后奶牛场自己种植青贮玉米。采用这种方式的有 6 家，共种植青贮玉米2 600亩，总产量13 100 t。第二种情况是奶牛场和种植户签订合同，按 400 元/t 收购，奶牛场提供专用的青贮玉米种子，种植户负责种植和管理，秋天由奶牛场收割，按收割产量结算。采用这种方式的有 5 家奶牛场，共种植4 100亩青贮玉米，总产量14 390 t。第三种情况是牛场收割种植户的普通玉米。采用这种方式的有 6 家奶牛场，共收购3 150亩，总产量11 040 t。第四种情况是由专门的经纪人向种植户收购收割，送到奶牛场后当场议价，直接装进青贮池。采用这种方式的有 2 家奶牛场，共收购450 t。以上 4 种全株玉米青贮应用方式涉及 14 个奶牛园区，有的奶牛园区应用情况兼有 2 种或 2 种以上。2015 年全区共制作全株玉米青贮38 980 t，另有玉米秸秆绿贮11 430 t，玉米秸秆黄贮23 990 t，总青贮量为74 400 t，全株玉米青贮占总青贮量的 52. 39%，玉米秸秆绿贮占 15. 36%，玉米秸秆黄贮占 32. 24%。

1.2 组织水平明显提高

2021年，山西省对现代农业产业技术体系进行重塑重构重建，经过制定方案、科学架构、组织竞聘、专家评审、会议研究、公开公示等环节，牧草产业技术体系首次组建，设定了牧草加工与利用岗位专家，构建了服务牧草产业链发展的现代牧草产业技术体系。

山西省畜牧技术推广服务中心积极组织协调朔州市骏宝宸农业科技股份有限公司牵头，联合行业内科研院所、种植、加工、设备制造等28家优势企业成立了山西省牧草产业技术创新战略联盟。联盟内拥有饲草种植加工机械800多台套，储草库、农机库面积约20 000 m^2，每年销往省外的饲草超过10万t。

在产业体系和产业联盟的推动下，草产品加工业中各个企业或公司的组织形式、规模、结构等方面从原来的分散、多样化、市场竞争较为激烈、各个企业的市场份额相对较小、难以形成有效的市场领导者的局面，逐步走向联合合作、利益共享，形成明显的产业集中或高度化组织。

1.3 产品品质逐渐优化

国家、行业、团体青贮玉米、苜蓿、饲用燕麦等草产品质量标准逐步建立，用标准规范了草产品的加工。随着草产品检测技术的推广应用，草产品中的干物质、粗蛋白、中性洗涤纤维、酸性洗涤纤维、淀粉、灰分等营养指标，发酵草产品pH值、乳酸、乙酸、丙酸、丁酸、氨态氮等养分可消化利用指标，以及农药残留、重金属等安全指标得以检验测试，为草产品品质的评价和提升提供了坚实的保障。逐步建立第三方检测制度，促进形成“优质优价”的价格体系。

2009年在对山西晋中的玉米青贮（黄贮）调查中，发现无论是全株玉米青贮还是干玉米秸青贮饲料均存在不同程度的霉变现象，有个别样品可用肉眼观测到白色和黄色的菌落，霉变气味强烈；青贮原料切碎程度不好，甚至有的切碎长度可达10 cm；青贮饲料较为松散，压实不紧密；色泽呈黑褐或褐色的青贮饲料较多，对两种青贮样品进行感官评价，42.86%的青贮饲料处于3级和4级水平。按照pH评定标准，对青贮饲料进行质量等级判定，处于优良等级的青贮饲料占总样本的35.72%，处于一般的为42.86%；而有机酸和氨态氮的综合评价结果显示，评价等级为优的青贮饲料为28.57%。综合实验室两种方法的评价结果，说明青贮饲料的发酵品质较差。3个全株玉米青贮饲料样本的干物质含量均小于干玉米秸青贮饲料，即全株玉米青贮饲料中含有较多的水分，进而说明全株玉米青贮饲料中的蛋白质含量较少的原因极有可能是因为水分含量高，导致蛋白质渗透流失。对毒害物质进行测定，无机有毒元素的检出率均为100%，并且铬的超标率达到100%，说明青贮样品采集地点的环境受重金属污染较为严重；有机磷农药种类主要以马拉硫磷的检出率最高，为50%；硝酸盐类物质、黄曲霉毒素B_1检出率均较高，但未检测到4种物质均超标的青贮饲料样品。

2020年，山西省某奶牛场的窖贮全贮玉米青贮饲料，pH值低于3.79、氨态氮低于8.6%、乳酸超过6.74%、乙酸3.27%、丙酸2.50%，丁酸未检测到，说明发酵品质优良；干物质 31.25%以上、粗蛋白超过 7.46%、中性洗涤纤维低于 43.08%、酸性洗涤纤维低于 24.90%、淀粉 17.52%以上，除了淀粉含量偏低，其他养分含量适中。

对进口自美国和从甘肃购入的苜蓿干草对比分析发现，山西省苜蓿干草的干物质、粗蛋白含量较低，而灰分含量较高、酸性洗涤纤维含量较低，从而在总可消化养分、干物质采食量、相对饲喂价值、相对饲料品质、奶吨指数方面，表现更加优异。2020 年，山西省草产品质量稳步提升，80%的全株青贮玉米达到良好以上水平，苜蓿二级以上占到 70%。

2 山西省草产品加工问题

2.1 机械支撑有待提升

随着农业机械化的发展进步，山西省草产品加工设备不断更新改进和升级，机械化水平大大提高，已基本实现收割、揉搓打碎、打捆等机械化作业。加工机械设备的改进和应用，使加工技术简单化，广大用户易于掌握和操作，参与草产品加工的养殖企业或农户不断增加。

然而，与牧草资源种类丰富、生产季强需求相匹配的应急性、广谱性机械装备仍有待完善。饲草的商品化和规模化生产要依靠机械化支撑，机械化程度提升空间较大——作业面积与作业机械配套不足，原料无法适时收获；刈割压扁程度低，田间晾晒时间长，饲草原料营养成分损失严重。牧草深加工机械，比如叶蛋白加工设备、茎叶分离设备、颗粒饲料生产设备不足，对牧草商品化和产业化发展形成一定的制约。

面对新型现代牧草产业的数字化、智慧化等技术，无人机固定基站、牧草收割无人车、遥控指挥台等先进农机化装备，在山西省的发展还尚未起步。

2.2 技术研发有待突破

受气候条件（雨热同期）的影响，草产品收获加工时常常遭受雨淋影响，很难生产出优质的草产品。据统计，每年因雨淋而损失的优质干草产品高达 20%以上。加强牧草干草加工技术的创新研发，重点在牧草干燥技术、高水分干草捆贮藏技术、防霉技术、微生物添加剂等应用技术方面不断创新升级。

虽然目前通过切割压扁处理，牧草茎秆和叶片干燥速度趋于同步，有效降低了落叶损失，但干燥成本略高，效果差。晒制干草，牧草的叶片、嫩枝和花序等营养价值丰富的部分在晒制、贮存、运输过程中脱落损失严重，因而营养物质大量损失浪费。国外多采用人工快速干燥，并粉碎加工成草粉或进一步压制成颗粒，作为家畜的蛋白质、维生素补充饲料，效果较好但成本高。

草产品加工机械的研制几乎停滞不前，山西省草产品加工机械发展多是直接购入，引进后再消化，自主研发水平较低，极大制约了草产品加工技术的推广和升级。应加快研制筛选适应不同规模、不同地形的草产品加工机械，推动草产品加工机械化因地制宜有序开展，突出高效、安全、便利，为草产品加工提供先进实用机械和工艺。

2.3 市场培育有待开发

各级管理服务部门在支持规模企业参与草产品加工，鼓励企业与科研院所等技术单位联合，提高企业科技水平和研发能力，培育科技型龙头企业，带动草产品加工产业的规模化、区域化发展方面，已经取得了一定的实效。但是仍需在做强做大草产品加工龙头企业的基础上，支持加强引进、联合、联盟与合作，整合优势资源，树立品牌，打造高品质产品，拓展产品市场，提高产业整体效益。

由国家畜牧科技创新联盟和中国饲料工业协会联合主办的中国青贮饲料质量评鉴大赛已经举办了6届，山西省草产品加工企业还未能在历届评鉴大赛上斩获奖项。

科尔沁沙地、河西走廊、鄂尔多斯高原、银川平原、榆林沙地、天山南北麓等区域是我国苜蓿干草主要生产区；安徽蚌埠黄河故道区、黄河滩区、黄河三角洲区是我国主要苜蓿青贮商品区；甘肃定西黄土高原丘陵沟壑区、陇东黄土高原塬梁区、宁夏六盘山区形成我国农牧交错区草畜一体化发展的典型产区；山西省苜蓿保留面积大、苜蓿产品少，未能进入国内主产区范围。

3 山西省草产品加工出路

3.1 立足资源优势开发产品

山西省商品化草产品主要以干草捆、裹包青贮为主，青贮饲料占据绝对比重。草产品结构单一，再加上加工工艺有待提升，导致山西省草产品市场竞争力不足。应针对草产品供应的季节限制性、地域不平衡性、营养不稳定性，合理地开发多类型、多元化的优质全价草产品、天然牧草青贮产品，开展青鲜草颗粒加工工艺、植物性添加物的研究，研发非常规饲草及饲草型混合日粮等。

山西省牧草种类涵盖豆科、禾本科以及其他科青鲜饲草原料，还有大量的小杂粮、玉米、麦类及瓜果蔬菜秸秆，以及起源于山西省的酒醋加工副产物。因此应因地制宜，根据饲草原料以及需求特点，有针对性地开发相应的优质草产品，全面推进山西省草产品加工水平。

3.2 壮大产业队伍培育龙头企业

虽然国家级龙头企业山西古城乳业集团有限公司年销售额10亿元以上、山西朔美羊肉业有限责任公司年销售额3亿~5亿元，草产品占比只是其中一小部分。唯一以草产品和草加工为主营业务的山西省农业产业化省级重点龙头企业——朔州市骏宝宸农业科技股份有限公司，销售额1亿~3亿元。按照山西省农业农村厅印发的《山西省“十四五”畜牧兽医行业发展规划》，到2025年，全省优质饲草种植面积达到500万亩，饲草产量达到1 000万t，产值达到20亿元。朔州市骏宝宸农业科技股份有限公司销售额仅占饲草产值的5%~15%，其规模体量需要加大。

山西省每年的优质饲草需求量达到980万t，需要从国外和省外调入的优质饲草为

484 万 t。因此，要引导饲草龙头企业向优势产区集中，加大资金、技术、人才等要素投入，加速企业集群集聚；推动饲草种植、收割、加工、储存、运输、销售全产业链一体化运营，培育一批带动能力强、科技实力强、机械化水平强、创新意识强的链主式饲草龙头企业，积极发挥山西省牧草产业技术创新战略联盟作用，形成稳定的饲草产业联合体；鼓励企业和专业经济组织大力开展饲草精深加工，延长产业链条，提高产品附加值和综合经济效益；积极完善草产品经营机制。引导企业、专业经济组织、种养大户根据畜牧业发展的需要，加大土地流转力度，继续扩大饲草种植面积，推进饲草规模化生产、集约化经营；采取企业带基地、基地联农牧户的经营模式，由产业化经营组织与农牧户签订产销合同，稳定产销关系，建立区域性的市场体系。

3.3 加强基础研究充实人才

乡村产业振兴离不开人才振兴的保障。随着国家政策对草牧业的扶持、人民膳食结构的改变，草食牲畜养殖规模呈稳定增长态势，极大地推动了草产品快速发展，致使草产品市场竞争愈加激烈，对草产品加工人才培养也提出新要求。草产业因缺乏国际化视野人才、突破性成果和关键性技术而处在较低水平上，致使草产品质量、市场占有率及贸易竞争力低下，对国际市场存在较大依赖，很大程度上制约了草产业的健康持续发展。因此要以行业发展应用为导向和创新创业能力培养为核心，培养强能力、重实践和富有一定国际视野的草业复合型人才，改善草业及草产品加工人才素质、创新精神与实践能力。

草产业是“大农业”高质量绿色发展的重大需求之一，然而牧草加工、贮存、转化理论基础薄弱，加工技术水平落后，导致优质草产品不足，影响及制约了草产业的高质量发展。基础研究方面存在问题如下：饲草加工、贮存、转化理论研究薄弱，微生物演替规律及转化机制不明确，干物质损失机制有待深入研究，毒素产生及积累规律的研究未引起足够重视，养分转化规律需进一步研究，草产品效应因子提升草食家畜营养代谢机理要进一步明确。面对这些问题，要充分发挥山西省现代牧草产业技术体系、牧草产业技术创新战略联盟和山西农业大学草业学院等组织机构的作用，建设“产、学、研、推”紧密结合的草产业科技创新平台，加强饲草生产关键技术研发攻关，增强全产业链技术支撑能力。

参考文献

范文强，格根图，贾玉山，2017. 中国草产品加工业发展展望 [J]. 草原与草业，29 (3)：1-6.

刘焕，郭永生，侯丽，2016. 山西省榆次区奶牛养殖现状及全株玉米青贮应用调查分析 [J]. 中国乳业 (3)：31-33.

山西省畜牧技术推广服务中心，2023. 山西饲草产业发展与实践 [M]. 北京：中国农业科学技术出版社 .

王天威，钟瑾，2021. 创制现代草产品加工科技体系　保障大粮食安全 [J]. 中国科学院院刊，36（6）：675-684.
王晓娜，2011. 蒙晋津京青贮饲料质量与安全性评价［D］. 北京：中国农业科学院.
谢艺潇，王天正，玉柱，等，2018. 窖贮全株玉米青贮质量现状分析：以山西某奶牛场为例［J］. 草学（S1）：84-86.
熊乙，许庆方，玉柱，等，2018. 不同苜蓿干草营养成分及饲用价值评价［J］. 草地学报，26（5）：1262-1266.
杨富裕，玉柱，徐春城，等，2020. 国际视野草产品加工人才培养实践［J］. 中国乳业（S1）：22-25.
钟瑾，倪奎奎，杨军香，等，2018. 我国饲用草产品加工技术的现状及展望［J］. 科学通报，63（17）：1677-1685.

山西省草业机械化和智能化现状、问题和出路

任国华

（山西农业大学草业学院）

摘要：山西省具有发展畜牧业的天然优势，经过多年的持续建设，全省畜牧业取得了巨大进步，畜产品从节日改善品变为餐桌日常品。饲草业是现代畜牧业的基石，饲草需求量不断增大，牧草生产更需要全程机械化，这已成为我国饲草产业的共识。随着互联网、大数据、云计算、智能化等新一代信息技术与饲草种植、生产、加工、储运的深度融合，产业发展正经历深刻变革。本文从山西省牧草生产机械化、智能化的现状出发，分析了现阶段的成果、发展过程中存在的问题，并针对这些问题提出了解决对策。

关键词：牧草生产；机械化；智能化；畜牧业

引言

数字信息化技术在全球农业领域应用步伐加快，农业机械化生产与信息技术深度融合，先进的农业信息智能感知技术和智能农机发展迅速。由于起步较早，国外农机具智能化发展拥有先发优势，美国、德国和日本是其中的典型代表。20 世纪 90 年代，这些经济发达国家的种植业和养殖业已进入高度机械化阶段，农业机械已向自动化、信息化和智能化方向发展，在农机现代化和信息化方面拥有较好的基础和技术积累。美国数字农业的发展建立在农业生产高度专业化、规模化、企业化的基础上，信息化技术渗透到了美国农业生产、加工、运输、销售的各个环节，直接促成了美国“精确农业”的兴起，极大程度上提高了美国农产品的国际竞争力。德国将农产品的生产、收购、加工、储运和销售各环节作为一个完整的产业链来开发，在小麦、谷物的生产、收储，牧草的收割、翻晒、起堆、打包等作业环节，全程使用机械化。日本为应对农业资源环境与劳动力短缺的困境并提高农业竞争力，重点推进现代信息与通信技术在家庭农场作业中的应用，实现农业生产的自动化与智能化，逐步形成了较为成熟的适度规模经营型精细化农业生产模式。

1　国内外牧草生产机械化和智能化现状

国外著名农机企业产品大多采用基于 ISO 11783 的 ISOBUS 农用机械串行控制和数据通信标准总线技术，此标准详细规定了智能农机的控制系统网络整体架构、功能 ECU、CAN 总线通信及任务控制器结构等。总线技术的发展实现了农业机械控制器之间的信息共享，为农机装备的控制智能化提供了重要基础。目前，农业装备的卫星导航技术起到了作业过程中的辅助驾驶作用，能减轻操作员疲劳，使得操作变得自动化。国外大型农机企业的市场营销理念在逐渐变化，从以往通过产品推销的传统方式过渡到注重解决客户问题的营销理念。另外，针对室内集中饲养和室外散养等不同饲养模式，国外发达国家开始提供创新型产品与服务，借助新一代互联网技术，通过远程智能管理系统让用户随时随地了解牧场动态并自动生成最佳应对方案，提高牧场生产管理水平，在降低牧场运营成本的同时提高牧场产能。

当前我国正处于从传统农业向现代农业转变的关键时期，加快推进农业机械化和农机工业发展，对于提高农业装备先进性、改善农业生产条件、增强农业综合生产能力和拉动农村消费需求具有重要意义。随着国家农业生产结构的调整以及农户经营规模的不断扩大，农业机械正朝着大型化、智能化和高效化的趋势发展。从 1949 年起，我国农机设备制造业一步一个脚印摸着石头过河，经过数十年的发展与创新，终于完成了从零到有，从只生产收割运输机械到多用途机械，从非智能化机械到智能化机械的长足进步。

2　山西省牧草生产机械化和智能化现状

山西省位于我国华北黄土高原，属温带大陆性季风气候，雨热同期、光照充足、昼夜温差大，地势为“两山夹一川”，山地、丘陵、盆地、高原等地形错落其间，河流众多，流量季节性变化大，为农业经济提供了良好的发展条件。党的十八大以来，山西省委省政府坚持把畜牧业作为振兴山西经济的非煤产业之一，作为发展特色现代农业的重中之重，大力实施“特”“优”战略，启动实施雁门关生态畜牧经济区建设，扶持畜牧业龙头企业，规模化养殖水平不断提升，山西畜牧业发展成就显著。2022 年，全省畜产品产量达到 403.5 万 t，畜牧业产值 602.8 亿元，占农业总产值比重超过 30%。

饲草是草食畜牧业发展不可或缺的物质基础，也是构建现代畜牧新业态的基石。在传统的畜牧业发展环境下，利用天然牧草有可能满足生产发展的需要，但是在现代畜牧业发展中，优质、高效和可持续的乳、肉制品生产，已逐渐无法由粗放的牧草生产模式继续支持，人工牧草种植、管理与利用已成为现代畜牧业发展的重要方向。随着饲草需求量不断增大，牧草生产需要全程机械化已成为我国饲草产业的共识。饲草生产机械化包括牧草的种植、收获、加工、储运等环节的机械作业及自动化管理。而随着互联网信息技术水平的不断提高，以大数据、云计算、移动互联网等为代表的相关技术与饲草产业的深度融合，正在引发产业发展的深刻变革，形成新的生产方式、产业形态和经济增长点。正从以往以经验为依据进行生产活动到现在以信息技术作为基础进行现代化生产，通过各类传感器、物联网等技术，准确、有效地收集饲草种植、生产、环境等相关方面的数据信息，大幅度提高饲草生产的管理水平，用更合理、科学的方式提高饲草的运营水平和现代化水平，促进饲草产业的高速发展。

3 存在的问题

3.1 山西省牧草生产综合机械化率不高

自2012年以来，山西省累计使用中央财政农机购置补贴资金42.8亿元，扶持52.1万农户购置70.6万台（套）农机具，促进各类农机装备快速增长。全省大中型拖拉机、谷物联合收获机保有量达到14.81万台，安装农机作业监控终端1.8万余台，植保无人机保有量上千台。截至2020年底，全省累计建设全程机械化示范点264个、省级示范县48个、国家级示范县11个，示范面积10.46万亩，辐射带动面积达21.8万亩，推动全省农作物综合机械化率达到72.6%。相比较农作物而言，全省畜牧业初加工机械化率只有40%左右，且智能化程度不高，“智能化设备+大数据计算平台+专业化后台APP控制+精准服务及干预”的大数据精准饲草生产解决方案任重而道远。

3.2 关键设备国产使用率不高

在青贮玉米联合收获机、苜蓿裹包机等饲草生产关键设备的使用上，调研的龙头企业主要使用进口设备。这一是可能与调研的草牧企业为朔州地区龙头企业有关，其资金实力较为雄厚，设备以进口为主，饲草生产的区域示范性作用较强；二是可能与国产设备质量良莠不齐、维修成本高有关。牧草产业是一个规模化、现代化程度较高的产业，对收获加工的时效性要求相当严格。国产机械功能较差、事故率高，不仅影响牧草收获过程顺畅及时，而且对牧草损伤较为严重，使饲料产品的质量难以保障。部分苜蓿种植企业由于使用国产牧草机械收获，错过牧草最佳收获期，造成了损草、坏草等严重后果。

3.3 机械产品成套性差

牧草全程机械化生产的工艺技术路线为：机械旋耕→机械播种→机械植保→机械割草压扁→机械打捆。机具配套方案：拖拉机配套翻转犁进行机械耕作、配套旋耕机进行机械旋耕；小型拖拉机配套播种机进行机械播种；大型拖拉机配套割草压扁机、大型拖拉机配套打捆机，进行收获、压扁、打捆作业。调研时发现中小企业和种植户作业机械多数为单一机型，各作业工序间机具与动力配套性差。牧草收获采用普通的割草机，收获后由于无法促使牧草的茎叶同时快速干燥，后期的草产品加工无法进行，即使加工成草产品，其品质也无法保障。

3.4 信息化、智能化设备应用领域不平衡

信息化、智能化设备在田间气象环境监测环节的应用较为普遍，如空气温湿度、光照、降水量、风速等各种环境数据监测；而在田间墒、苗、虫、灾情监测系统，以及无线智能灌溉系统、水肥一体化系统、机械指挥调度系统等方面应用较少。原因主要有两个。一是在种植监测环节投入智能化、信息化设备的节本增效作用明显。草牧企业购置一套环境监测系统以及传感终端，能实时监测空气温湿度、光照、降水量、风速、风向、大气压力等各种环境数据，且支持用户定制，可以扩展配置土壤含水量、土壤温度、土壤电导率等传感器，并通过设定相关报警阈值，实现即时报警，精准监控种植环境指标，该系统的引入可以最大限度地保证饲草在适宜的环境条件下生长并实现高产。二是田间墒、苗、虫、灾情监测系统，以及无线智能灌溉系统、水肥一体化系统、机械指挥调度系统的安装投入成本较高，短时期内难看到效益，且大部分牧场计算机水平较高的人员配备不足。

3.5 资金投入不足

牧草种植和收获具有季节性和时效性，全年工作时间短，饲草生产机械化、智能化设备前期投入费用较高，中小型草牧企业和种植户的自有资金有限，购买机具的投入与作业收入不成正比，造成了牧草种植面积与牧草机械量不匹配的矛盾，进而影响了牧草种植户的收益和种植热情，限制了其向较高层次发展。

4 发展出路

4.1 多措并举，加大对饲草生产机械化、信息化的资金支持

饲草生产全程机械化、智能化水平的提升需要资金保障。一方面，山西省或市县地区农机局应试点推广饲草机械化、智能化、信息化装备的专项政策补贴，全面提高饲草收获、青贮饲料加工、草加工、畜牧饲养等的机械化、信息化、智能化装备水平；另一方面，扩大融资渠道，引导社会资本参与饲草生产机械化和智能化的建设，重点扶持龙头企业、种草大户、用草大户，扶大扶强扶优，充分发挥其辐射、引领、带头作用，以点带面，以强带弱。

4.2 建立健全草牧业服务体系，着力搭建校企产学研合作平台

牧草产业体系应发挥媒介作用，充分利用现代化信息设备和技术，整合各类信息资源，着力沟通、构建校企产学研合作平台，积极协助龙头企业搞好牧草生产机械的选型引进、示范、推广和培训工作，加快打造饲草生产加工智能装备集群。结合农时和农艺技术积极主动地规划牧草生产智能化方案，协助沟通厂家和农机管理部门因地制宜举办牧草机械化生产作业现场示范。

4.3 建设一批智能化牧草生产示范基地

坚持典型示范与全面推进相结合的原则，建议由省农业农村厅、林业和草原局、农机局组织建设一批智能化饲草生产示范基地，提高对新建饲草生产基地的田间墒、苗、虫、灾情监测系统，以及水肥一体化联动系统、机械指挥调度系统等的设计要求和智能化水平，全面推进智慧牧草生产体系的建设；开展现有饲草生产装备智能化改造，制定鼓励现有饲草生产进行智能化改造的政策措施，开展饲草生产智能化工程示范和达标评价。凝练出一批可复制推广的智能化生产模式、技术装备、管理经验等，向类似条件饲草生产企业进行推广应用。对于首批达标的饲草生产智能化示范基地建议给予优先机械补贴和专项发展资金等政策支持。

4.4 建设全省牧草大数据中心

由省农业农村厅、林草局、农机局支持和指导，牧草产业体系牵头与市、县（市、区）主管部门和饲草生产企业共建全省牧草生产大数据中心，建设安全、共享、高效的全省牧草大数据应用云平台，开发饲草生产多源异构数据的深度融合处理与高效利用技术、牧草生产全程监测和装备云端运维与信息实时感知的远程专业化分析处理等增值服务，形成智能化牧草生产的高质量运行新模式。

参考文献

胡德海，2017. 朔州市草牧业机械化生产调查研究［J］. 农业技术与装备，11：69-71.

彭华，刘继芳，韩书庆，等，2018. 新疆地区规模奶牛场机械化、智能化、信息化现状调研报告［J］. 中国乳业，12：18-22.

于兆吉，单诗惠，2020. 辽宁省装备制造业智能化现状、问题与对策［J］. 沈阳工业大学学报（社会科学版），13（1）：46-49.

袁宝杰，刘浩杰，2021. 草业机械化发展现状与趋势［J］. 农业机械化与现代化，1：1-6.

基于 CiteSpace 分析的我国小黑麦研究进展与发展趋势

侯向阳　蒋奇伸

（山西农业大学草业学院）

摘要：小黑麦（×*Triticosecale* Wittmack）具有营养品质好、生物产量高、适应范围广和利用形式多等特点，因而对我国农业产业结构调整及草牧业发展具有重要作用。本研究旨在进一步探讨国内小黑麦的研究现状和发展趋势。通过中国知网 CNKI 数据库，以“小黑麦”为检索主题，搜集了 2000—2022 年的研究文献，并利用信息可视化软件 CiteSpace 绘制小黑麦研究知识图谱，进行文献可视化分析。结果表明，小黑麦相关文献的发表量总体呈现增长趋势。可视化分析显示小黑麦领域主要关注点包括“产量”、“小麦”（*Triticum aestivum*）、“黑麦”（*Secale cereale*）、“农艺性状”和“生产性能”等；前沿分析表明“生产性能”“营养价值”“营养品质”“鲜草产量”“饲草”“混播比例”是未来的研究趋势。本研究深入探索了当前我国小黑麦领域的研究热点及进展，可对未来学者在该领域的研究提供参考。

关键词：小黑麦；研究进展；知识图谱；可视化分析；CiteSpace

引言

小黑麦是小麦属（*Triticum*）和黑麦属（*Secale*）通过属间杂交后应用染色体工程育种技术人工培育的第一个异源多倍体新物种。小黑麦的起源可以追溯到 1876 年，Wilson 在爱丁堡植物学会上提到他成功将小麦和黑麦进行了杂交。随着对八倍体小黑麦研究的深入，广大学者逐渐发现其存在结实率低和饱满度差等问题，而后转向对六倍体小黑麦的研究。国内对小黑麦的研究起步较晚，20 世纪 50 年代，鲍文奎教授首先对小黑麦进行了系列研究，通过多年广泛的选配杂交组合选育出多个八倍体小黑麦品种。近年来，小黑麦由于具有丰产性好、抗逆性强、品质高、适应性广等特点，正逐渐成为粮食、饲料、酿酒、保健食品等的原料。随着我国农业产业结构调整和草畜平衡政策的实施，小黑麦在我国草牧业发展中也占有重要地位。

21 世纪以来，我国科研人员对小黑麦新品种选育、生产性能与营养价值比较、栽培技术及发展展望等方面进行了深入研究，并取得了丰富的研究成果，为我国小黑麦领域及相关产业发展奠定了坚实的理论基础。但目前广大学者尚未以文献计量学分析作为切入点，对小黑麦领域的研究进展和发展趋势展开深入分析。因此，本研究基于国内权威数据库平台中国知网（CNKI），采用 CiteSpace 软件对国内小黑麦领域 20 年来的研究文献进行计量分析，绘制科学知识图谱，旨在清晰、直观地展现小黑麦领域的研究现状、分析发展历程，把握研究重点并预测发展趋势，为后续研究者提供参考。

1 数据来源与研究方法

1.1 数据来源

本研究以中国知网数据库为数据源，以“小黑麦”为关键词检索内容，剔除会议、报告、成果、学位论文等关联性较低的文献，检索国内中文学术期刊，时间跨度为 2000 年 1 月 1 日—2022 年 12 月 31 日，期刊类别为全部期刊，检索时间为 2023 年 5 月 28 日，共获得 793 篇学术期刊文献。

1.2 研究方法

CiteSpace 是陈超美教授基于 JAVA 语言开发的可视化文献分析软件，该软件可以通过可视化的方式直观清晰地展现某领域发展情况、研究热点与演进趋势等。本研究首先利用 Excel、Origin2021 对搜集到的知网数据进行发文情况统计分析；以文献计量学分析为基础，利用 CiteSpace V.6.2.R1 对小黑麦领域的关键词、前沿分析、发文作者与机构等方面进行知识图谱绘制和分析。

2 主要结果与分析

2.1 小黑麦领域发文量变化及时间分布

小黑麦研究领域学术期刊的年度发文量能够客观反映出该领域的研究热度。本研究通过检索关键词“小黑麦”，时间范围为 2000 年 1 月 1 日—2022 年 12 月 31 日，共获得 793 篇学术期刊文献，对这些文献进行发文趋势分析，结果见图 1。由图 1 可知，2000—2022 年，小黑麦领域的发文量整体呈现上升趋势。以 2015 年为转折点，可将 2000—2022 年小黑麦领域的研究分为波动发展和快速上升两大阶段。在波动发展阶段（2000—2014 年），小黑麦领域发文量整体减少，由 2000 年的 36 篇降至 2014 年的 14 篇。在这一阶段，国内学者主要围绕小黑麦的新品种选育、抗性研究与农艺性状等方面进行研究。进入快速上升时期（2015 年开始），小黑麦领域发文量呈现快、稳、增的发展趋势，2022 年发文量为 50 篇，为 20 年来的最高值。在这一阶段，广大学者立足我国“粮改饲”与“粮食安全”战略，多途径、多样化地对小黑麦饲用价值与利用模式展开深入探究。

图 1　2000—2022 年小黑麦领域发文数量变化

2.2　关键词共线分析

关键词是最能体现文章核心内容和作者核心思想的词语，高频的关键词可以反映出某领域研究的热点。运用 Citespace 对小黑麦领域的关键词进行共线图谱绘制，得到图 2（附录彩图 1）。图中圆圈大小表示关键词出现的频率，进一步对高频关键词进行整理后，得到表 1。结果显示，高频关键词包括小黑麦、小麦、产量、黑麦、农艺性状、生产性

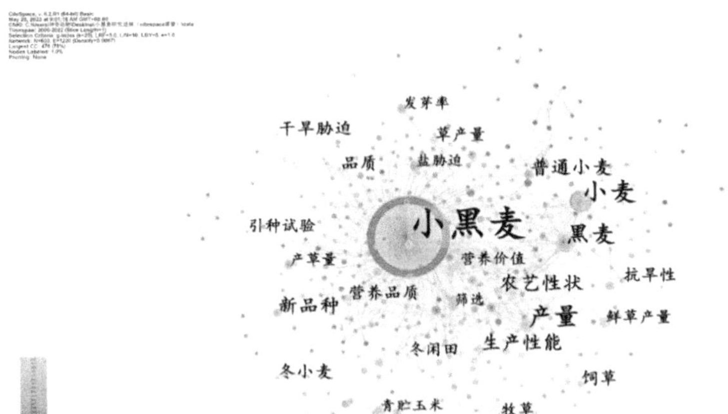

图 2　2000—2022 年小黑麦领域主要关键词共线图谱

能、新品种、普通小麦等，这些关键词的中介中心性较高，这在一定程度上反映了小黑麦领域的研究热点。

表 1　2000—2022 年小黑麦领域主要高频关键词

频次	中心性	年份	关键词	频次	中心性	年份	关键词
377	1.09	2000	小黑麦	11	0.03	2005	饲草
57	0.13	2000	小麦	10	0.00	2016	草产量
42	0.07	2000	产量	10	0.01	2000	引种试验
35	0.06	2001	黑麦	10	0.01	2006	牧草
20	0.01	2003	农艺性状	10	0.02	2003	冬闲田
17	0.01	2013	生产性能	9	0.00	2018	营养价值
17	0.02	2001	新品种	9	0.00	2017	鲜草产量
17	0.04	2000	普通小麦	8	0.02	2017	青贮玉米
13	0.04	2001	冬小麦	8	0.00	2005	盐胁迫
13	0.01	2002	干旱胁迫	8	0.00	2007	筛选
13	0.00	2006	品质	8	0.01	2003	产草量
12	0.01	2019	营养品质	8	0.01	2007	发芽率
11	0.00	2002	抗旱性	7	0.00	2004	光合特性

2.3　研究热点主题分析

为进一步挖掘关键词背后的科学意义，保持其他参数设置不变，利用 Citespace 软件中的聚类（Find Clusters）功能对关键词展开进一步的分析，通过对数似然比算法（Log Likelihood Ratio）进行聚类得到图 3。模板值（Modularity Q，Q 值）可以用来衡量聚类网络的稳定性，一般认为 Q 值>0.3，表示聚类效果显著；平均轮廓值（Weighted Mean Silhouette，S 值）可以用来表示聚类内部结点的相似度，S 值一般在 0~1 取值，且临界值为 0.5，S 值越大，表示聚类内部相似度越高，聚类越合理。该图谱的 Q 值为 0.639 8（Q>0.3），S 值为 0.924 1（S>0.5），表明 2000—2022 年小黑麦领域主要关键词聚类图谱（图 3）具有较高的参考性。由图 3（附录彩图 2）可知，小黑麦领域高频关键词主要集中在 10 个聚类，即#0 小黑麦、#1 小麦、#2 营养品质、#3 青贮玉米、#4 冬小麦、#5 产草量、#6 普通小麦、#7 发芽率、#8 栽培技术、#9 作物品种。基于研究作者、机构和关键词聚类结果，对小黑麦领域研究热点归纳为以下几个主题。

研究主题一：小黑麦品种选育与抗性研究。这一研究主题主要包括聚类#0 小黑麦、#1 小麦、#6 普通小麦、#7 发芽率、#9 作物品种。在品种选育方面，近年来，我国多地科研团队相继培育出一批优质的小黑麦新品种。甘肃农业大学科研团队在杜文华、田新会的带领下，在甘农系列小黑麦新品种培育方面取得了显著成绩，此外，团队还研究了

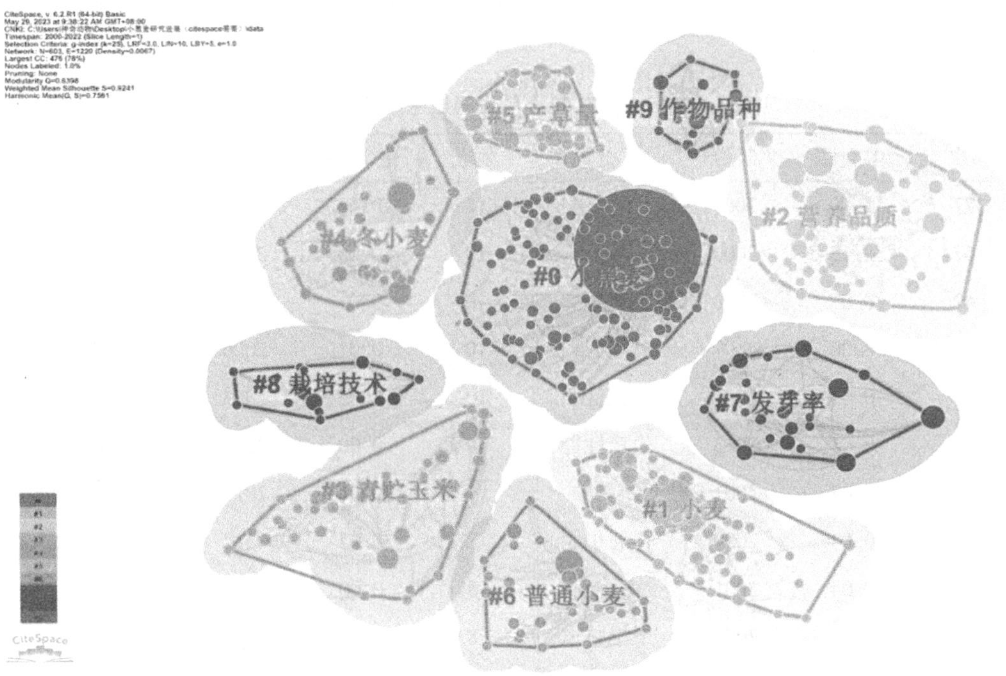

图 3　2000—2022 年小黑麦领域主要关键词聚类图谱

秋播小黑麦的高产栽培技术，为小黑麦在青藏高寒牧区的示范推广奠定了基础。中国农业科学院作物科学研究所经多年试验示范，筛选出了一批产量高、营养价值好的小黑麦品种，其中以‘中饲 237’、‘中饲 1890’、‘中饲 828’小黑麦表现较为突出，其适宜范围广，可在我国大部分地区种植。河北省农林科学院旱作农业研究所刘贵波教授带领团队培育的冀饲系列饲用小黑麦已成为黄淮海、西北、西南地区的冷季型饲草优势品种，冀饲系列小黑麦品种推广利用范围实现了全国所有饲草生产区域全覆盖。截至 2021 年，冀饲系列小黑麦品种在全国年推广面积超过 666 hm^2。山西省专家立足资源环境现状，相继培育出适合在北方农区、农牧交错带以及山区推广种植的‘临草 1 号’、‘晋饲草 1 号’等抗旱耐寒的优质饲草，并在山西省中部地区利用冬闲田广泛种植。在抗性研究方面，当前已有学者通过设置干旱胁迫条件对小黑麦的含水量、产量变化进行探究，结果显示，干旱胁迫显著影响小黑麦的生长发育。同时，为了因地制宜推广种植小黑麦，许多学者对不同品种小黑麦的耐盐性、抗寒性展开一系列综合评价，旨在确定适宜在特定区域种植的小黑麦品种。

研究主题二：小黑麦生产性能与营养价值研究。这一研究主题主要包括聚类#2 营养品质、#5 产草量。牧草产量指某一时间单位面积草地上所存在的可饲用的植物重量，其数量及品质深深地影响着草食畜牧业的发展，从而影响人们的生活。诸多试验证明，小黑麦在不同地区的产草量均较高。例如，小黑麦品种在祁连山地区的产草量是当地种植加拿大燕麦的 2 倍，其消化率和适口性也优于加拿大燕麦，表现出优良的生产性能。小黑麦在甘肃省高寒牧区肃南、合作、玛曲 3 个试点的株高为 87～170 cm，枝条数为

353 万~860 万枝/hm^2，干草产量为6 500~15 620 kg/hm^2。小黑麦在皖西北平原区的鲜草产量超过50 000 kg/hm^2。同时，经多个细化指标的比对后，可得出小黑麦的蛋白组分显著高于国产燕麦和黑麦。

研究主题三：小黑麦不同种植模式研究。这一研究主题主要包括聚类#3 青贮玉米、#4 冬小麦、#8 栽培技术。近年来，随着“粮改饲”政策的实施，我国草牧业发展逐渐向好。小黑麦凭借其优质的饲用特性，在实际生产过程中展现出显著的利用优势，可与多种春播作物形成高效种植模式。目前，已有研究表明，小黑麦在与青贮玉米复种时，亩产干草 850 kg，青贮玉米亩产干草1 380 kg，亩效益与小麦—夏玉米一年两作复种模式相当。但小黑麦只需春灌 1 次返青水即可，且全生育期无需喷施农药，大大减少农药施用量，降低了对环境的污染，生态效益显著。小黑麦在与棉花直播轮作时棉花籽棉产量3 000 kg/hm^2以上，饲用小黑麦产量42 000 kg/hm^2以上，该模式可以增加棉农收入，增加冬季植被覆盖，改善冬季生态环境。小黑麦与蔬菜复种时经济效益十分显著，每公顷直接收益为10 575. 60元，加上牧草养畜的转化效益后，每公顷总收益可达11 919. 60元，比单一种植甘蓝分别增加收益 13. 74%和 23. 32%。同时，小黑麦能够在时间和空间上充分利用盐碱地、冬闲田等中低产田资源，有效解决冬春季节缺少青饲料等问题，受到广大学者的关注和研究。张凌云等从改善棉田生态、提高棉田生产效益的角度提出，在黄河三角洲地区进行棉花—饲草小黑麦复种技术研究，能够在保证棉花产量的情况下多收一季饲草作物，有效缓解粮饲争地问题；王智华等在冬闲盐碱耕地上对 6 个小黑麦品种进行比较试验，以选择适合黄河三角洲地区冬闲盐碱耕地的适宜品种。由于我国北方地区冬闲田资源丰富，同时小黑麦的生长习性接近冬小麦，因此可适当因时、因势利用冬闲田资源，发展“小黑麦+玉米”种植模式，形成经济、生产、生态效益更高的一年两作种植模式。

2.4　小黑麦领域前沿分析

关键词突现强度可以反映某一研究领域未来的发展前沿，探索突现关键词可以在一定程度上揭示某研究领域的发展趋势。保持其他参数不变，利用 CiteSpace 以 2000—2022 年作为探测时间段，最终形成了 22 个突现关键词。如图 4 所示，Keywords 为关键词，Year 为时间，Strength 为突现强度，Begin 为突现的开始时间，End 为突现的结束时间，图中粗黑线条表示该关键词突变的时间区间，将小黑麦领域发展划分为以下 3 个阶段。

第一阶段突现区间为 2000—2016 年，关键词“小麦”“普通小麦”“抗旱性”的突现强度最大，分别为 5. 7、4. 18、3. 56。作物新品种资源是农业高质量发展的重要基础。笔者认为我国小黑麦的研究起步较晚，前期研究多集中在小麦属和黑麦属经远缘杂交而形成高产的小黑麦新品种。在这一阶段，小黑麦领域研究重点集中在微观层面的生理特性、农艺性状和品质性状方面。

第二阶段突现区间为 2017—2020 年，关键词“青贮玉米”“粮改饲”的突现强度最大，分别为 4. 29、2. 67。分析突现过程可知小黑麦领域的研究以 2016 年为重要转折时期，2016 年以前，小黑麦领域的研究主要是挖掘小黑麦自身特性；2016 年之后，该领域研究主要聚焦到实际生产效益中。深入分析可知，我国于 2015 年在中央

Keywords	Year	Strength	Begin	End
小麦	2000	5.7	2000	2002
醇溶蛋白	2000	2.4	2000	2001
易位系	2000	2.42	2000	2001
普通小麦	2000	4.18	2003	2009
密度	2006	3.01	2006	2011
筛选	2007	2.38	2007	2016
抗旱性	2002	3.56	2008	2013
产量	2000	3.56	2008	2012
盐胁迫	2005	2.36	2009	2014
牧草	2006	2.93	2012	2019
农艺性状	2003	2.85	2013	2016
种子产量	2015	3.08	2015	2018
营养成分	2016	3.02	2016	2017
综合评价	2009	2.47	2016	2020
生产性能	2013	5.83	2017	2022
青贮玉米	2017	4.29	2017	2019
鲜草产量	2017	3.44	2017	2022
粮改饲	2017	2.67	2017	2019
营养价值	2018	3.91	2018	2022
营养品质	2019	5.8	2019	2022
饲草	2005	2.51	2019	2022
混播比例	2020	2.41	2020	2022

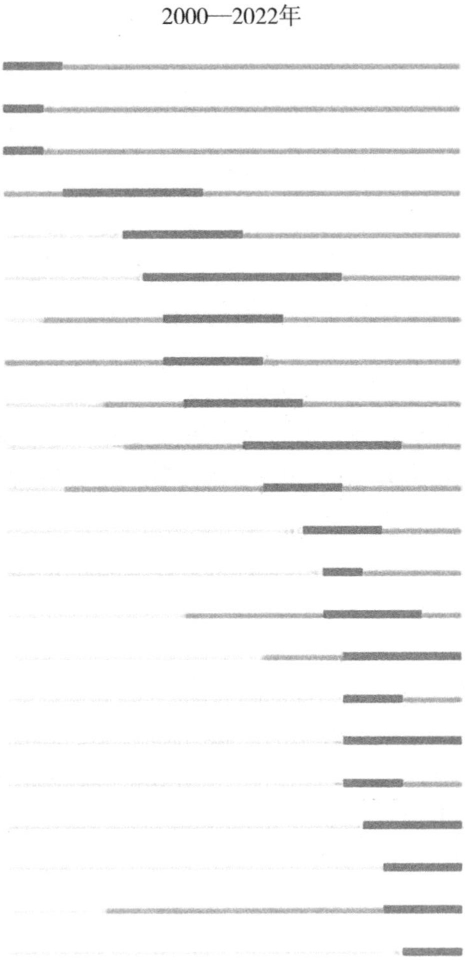

图 4 2000—2022 年小黑麦领域关键词突现图谱

一号文件中首次提出要加快发展草牧业，支持青贮玉米和苜蓿等饲草料种植，开展粮改饲和种养结合模式试点，促进粮食、经济作物、饲草料三元种植结构协调发展，这为我国牧草产业发展提供强大动力。2016 年 5 月，农业部办公厅颁布的《关于促进草牧业发展的指导意见》中明确提出要因地制宜发展草牧业，使农牧业增效、农牧民增收，这为我国草牧业发展提供了新的发展模式。在此背景下，广大科研工作者将研究重点逐渐转移到种植小黑麦的实际效益上，创新性地提出了“小黑麦—青贮玉米”“苜蓿—青贮玉米—小黑麦”“小黑麦—棉花”等多种高效种植模式，对提高我国农业产能和经济效益有着重要作用。

第三阶段突现区间为 2020 年至今。“生产性能”“鲜草产量”“营养品质”“营养价值”“饲草”“混播比例”是时至今日仍在突现的关键词。由此可见，小黑麦饲用领域的研究已成为当前研究重点，并将是未来一段时间的热点研究方向。结合时代背景可知，粮食安全始终是“国之大者”。习近平总书记在党的二十大报告中提出要树立大食物观，要通过构建多元化食物供给体系来有效保障我国粮食安全。当前人们正在从“吃得上、吃得饱”向“吃得精、吃得好”转变，居民膳食结构的转变推动我国畜牧业的转型发展。牧草是草食畜牧业发展的基础，但我国优质牧草缺口巨大，目前尚有近5 000万 t 的缺口。在此背景下，多元化挖掘优质牧草潜力、多渠道推广优质牧草种植，已成为保障我国粮食安全的重要途径之一。诸多学者以小黑麦不与粮争地为立足点和出发点，深入挖掘其种植优势、营养优势、产量与效益优势等，旨在为农民增收、为产业增效、为环境增美。

3 结论与建议

3.1 结论

本研究运用 CiteSpace 软件绘制知识图谱，对我国小黑麦领域 2000—2022 年的研究作者与机构、研究热点和研究前沿方面进行可视化分析，得出以下研究结论。

（1）从发文时间和数量来看，21 世纪以来，我国小黑麦领域年度发文量呈现波动发展、快速上升两个阶段。总体累计发文量呈现增长的趋势，这与大部分科技论文增长的大趋势一致。

（2）从关键词分析来看，小黑麦、产量、小麦、黑麦、农艺性状、生产性能、普通小麦、新品种、品质等是该领域的高频关键词，这在一定程度上反映了小黑麦领域的研究热点。

（3）从关键词聚类及突现分析来看，我国小黑麦领域研究热点大致可分为：微观基础研究阶段—政策引导转变阶段—宏观发展研究阶段。小黑麦饲用领域的研究已成为当前研究重点，并将是未来一段时间的热点研究方向。由此可见，该领域研究热度正从微观基础研究逐渐向宏观转化应用方面转变。

3.2 建议

3.2.1 做强草种芯片

农业现代化，种子是基础。目前，我国小黑麦研究呈现多元化快速发展趋势，但研究起步较晚，与国外研究仍有一定差距。要使我国小黑麦产业做到高质量发展，首先要解决小黑麦良种“卡脖子”问题，通过开展小黑麦良种繁育、种子扩繁、新品种区域试验等措施来增强我国小黑麦自主育种创新能力，有效提升小黑麦供种能力；其次要培育抗逆性强的小黑麦新品种。近年来，山西、河北及宁夏等小黑麦主产省区的旱涝灾害频发，据国家气候中心预计，未来极端天气事件总体将呈现多发强发趋势。因此亟须科研院所集中力量培育抗旱、耐涝、耐盐碱的小黑麦新品种，有效提升小黑麦适应能力。

3.2.2 夯实产业基础

一是发展规模化种植。小黑麦产业的发展首先要以“藏粮于草、稳粮增草”为立足点，凭借小黑麦不与粮争地的优势，将我国农闲田等土地资源动起来、活起来、用起来。二是提升机械化水平。小黑麦产业化的关键在于机械化，因此要提升整地播种、田间管理、刈割收获、储藏运输、加工销售等主要环节的机械化水平，同时要加快小黑麦生产体系建设，推进我国小黑麦产业形成“种、储、加、销”一体，“产、学、研、用”融合发展的新格局。三是实施标准化管理。基于5G、大数据、物联网及遥感等手段，开展小黑麦生长发育及产量监测，进一步稳定小黑麦品质，提升产业标准化水平。

3.2.3 强化科技支撑

一是发展“节水小黑麦”。水资源紧缺是限制我国小黑麦产业发展的重要因素之一，因此，急需构建高效节水灌溉体系，争取做到适时、精准、均匀灌溉，减少浪费，提升水资源利用效率。二是成立技术指导小组。要组织开展小黑麦种植加工实用技术专项培训、组织专家深入田间提供技术服务，提升小黑麦产业技术服务能力与服务深度，还要集中力量攻破小黑麦丰产增收、草产品加工运输等重大技术。

3.2.4 壮大经营主体

加快扶持小黑麦相关企业发展，引导企业扩大种植生产规模，辐射带动周边农户参与种植，形成“以点带面、点面结合”的形势，进一步丰富“企业—基地—农户”的发展模式。真正做到产业增效、企业增产、农民增收。

3.2.5 加强政策引领

使草牧业得到持续、健康的发展，就必须要树立种草就是种粮且种草有利于种粮的思想，要像重视粮食安全一样重视饲草安全。当前，我国小黑麦产业方兴未艾，应因地制宜加强政策保障、加大资金投入并建立完善的补贴机制，扶持企业和基地以推动发展。通过建立典型示范区、利用网络媒体宣传、举办科技培训讲座等方式，加速推动小黑麦产业高质量发展。

参考文献

白丽荣，时丽冉，郭晓丽，等，2016. 水分胁迫对不同基因型小黑麦和黑麦苗期生理特性的影响 [J]. 作物杂志（4）：118-122.

鲍文奎，严育瑞，王崇义，1963. 禾谷类作物的多倍体育种方法的研究——Ⅲ加倍小麦-黑麦杂种第一代染色体数的秋水仙精技术 [J]. 作物学报（2）：161-176.

崔蓓琳，张玲，2019. 饲草种植间作模式经济效益研究 [J]. 合作经济与科技（15）：41-43.

宫旭胤，汪晓娟，张利平，等，2014. 小黑麦在祁连山牧区引种试验研究 [J]. 甘肃农业科技（7）：32-34.

何江峰，赵萌莉，郑轶慧，等，2012. 小黑麦的饲用特性及其在草地生态中的应用前景［J］. 中国草地学报，34（1）：101-107.
河北省农林科学院旱作农业研究所，2018. 饲用小黑麦—青贮玉米复种栽培技术模式［J］. 现代农村科技（1）：110.
胡立芹，徐林涛，张超，等，2015. 六倍体小黑麦基于农艺性状和品质性状的多样性分析［J］. 中国农学通报，31（3）：106-112.
孔广超，曹连莆，艾尼瓦尔，等，2005. 高产优质小黑麦新品种：新小黑麦 3 号［J］. 麦类作物学报（2）：149.
李彦良，贾海瑜，贾苏卿，等，2009. "小黑麦+青贮玉米"牛羊饲草生产模式研究［J］. 山西农业科学，37（11）：11-12，32.
李焰焰，聂传朋，董召荣，2005. 优质饲草小黑麦的品种特性及研究现状［J］. 安徽农业科学（6）：1093-1094，1106.
李焰焰，张桂芳，张晓涛，等 2010. 饲用小黑麦在皖西北地区的引种及生产性能［J］. 贵州农业科学，38（9）：152-154.
刘慧，张秀玲，李铁晶，2002. 国内外小黑麦酿造啤酒的工艺研究进展［J］. 食品科学（2）：158-160.
鲁晋秀，杨峰，张定一，等，2006. 临草（麦）一号选育及高产优质栽培技术［J］. 安徽农业科学（7）：1324-1325.
马文馨，宋谦，田新会，等，2019. 小黑麦不同材料的抗寒性评价［J］. 草原与草坪，39（3）：85-91.
苗兴武，王智华，2019. 黄河三角洲棉花与饲用小黑麦轮作配套技术［J］. 中国棉花，46（1）：39-40.
任永康，崔磊，牛瑜琦，等，2017. 饲草小黑麦新品种晋饲草 1 号高产配套栽培技术［J］. 种子科技，35（1）：62-63.
任昱鑫，刘汉成，田新会，等，2019. 氮肥施用量和播种密度对甘南高寒牧区小黑麦生产性能和营养价值的影响［J］. 草业科学，36（10）：2601-2611.
石自忠，王明利，2021. 中国牧草产业政策：演变历程与未来展望［J］. 中国草地学报，43（2）：107-114.
宋慧欣，周春江，侯福强，等，2004. 饲草小黑麦优质高产栽培技术研究［J］. 作物杂志（3）：22-25.
宋谦，田新会，杜文华，2016. 甘肃省高寒牧区小黑麦新品系的生产性能［J］. 草业科学，33（7）：1367-1374.
宋谦，余小亮，马淑梅，等，2022. 陇东地区秋播小黑麦的草产量及营养价值研究［J］. 饲料研究，45（6）：90-93.
眭书祥，朱青竹，赵丽芬，等，2017. 早熟棉花与饲草小黑麦复种栽培技术规程［J］. 河北农业科学，21（2）：21-22.
王朝霞，2021. 守望高原　育种播绿［N］. 甘肃日报，2021-07-14（10）.
王伟强，田新会，杜文华，2022. 3 个小黑麦品种苗期抗旱性评价［J］. 草原与草坪，42（2）：98-106.

王智华，张凌云，魏立兴，2021. 不同小黑麦品种在冬闲盐碱耕地的比较试验［J］. 作物杂志（4）：191-195.
魏文锋，黄艺，魏彦，等，2022. 乡村振兴视域下我国乡村教育研究知识图景与趋势分析［J］. 重庆社会科学（9）：18-34.
项骁野，王佑汉，李谦，等，2022. 中国耕地保护与粮食安全研究进展可视化分析［J］. 中国农业资源与区划，43（10）：267-277.
谢楠，赵海明，李源，等，2016. 饲用黑麦、小黑麦品种苗期耐盐性评价及盐胁迫下的生理响应［J］. 草地学报，24（1）：84-92.
杨燕燕，孙宇，吴春会，等，2022. 应用 CNCPS 体系比较饲用小黑麦和燕麦草的营养价值组分［J］. 草地学报，30（4）：931-935.
于茹月，徐清风，勾宇轩，等，2021. 基于 Citespace 的宅基地整理研究进展［J］. 中国农业大学学报，26（8）：211-223.
张凌云，王智华，魏立兴，2019. 盐碱地冬闲棉田复种模式探索［J］. 中国棉花，46（12）：31-32，38.
张玉发，白静仁，1997. 湖北鄂西中山地区牧草—蔬菜复种试验［J］. 中国农业科学（3）：79-83.
朱铁霞，高凯，王国成，2011. 小黑麦研究进展［J］. 内蒙古民族大学学报（自然科学版），26（4）：433-437.
MALHERBE S J M，CRIPWELL R A，FAVARO L，et al.，2023. Triticale and sorghum as feedstock for bioethanol production via consolidated bioprocessing［J］. Renewable Energy，206：498-505.
PEÑA R J，2004. Food uses of triticale. Triticale improvement and production［J］. Food and Agriculture Organization of the United Nations. Roma FAO. Plant Production and Protection Paper，179：37-48.
WILSON S，1873. Ⅱ. Wheat and Rye hybrids［C］//Transactions of the botanical society of Edinburgh. Taylor & Francis Group，12（1-4）：286-288.
ZILLINSKY F J，1974. The development of triticale［J］. Advances in Agronomy，26：315-348.

山西省饲用小黑麦生产技术及示范

高文俊[1]　侯向阳[1]　杨子森[2]　侯东来[2]
尹燕亭[1]　许庆方[1]　杨　轩[1]

（1. 山西农业大学；2. 山西省畜牧推广技术服务中心）

摘要：饲用小黑麦作为优质饲草，具有产量高、品质优、可以充分利用冬闲田种植等优点。近年来，山西省积极开展饲用小黑麦育种、栽培和加工技术示范和推广，取得了阶段性成效。2023 年山西省饲用小黑麦的种植面积达到 5 万亩，位居全国第二。本研究结合山西省饲用小黑麦的技术推广情况，对饲用小黑麦的品种特性、栽培技术、加工技术进行了总结，以期为山西省饲用小黑麦产业发展和冬闲田利用提供技术支撑和参考。

关键词：饲用小黑麦；生产技术；示范

引言

在主粮安全不可动摇的国家战略下，利用冬闲田种植饲草成为当下确保饲草和饲料粮生产安全和农区饲草发展的重要方向。农业农村部《“十四五”全国饲草产业发展规划》中指出，“十四五”期间，全国优质饲草的需求总量将超过 1.2 亿 t，尚有近 5 000 万 t 的缺口。在华北地区推行粮食作物与优质饲草轮作、在西北地区开展粮食作物与优质饲草复种是解决家畜饲草不足和充分挖掘土地生产潜力的一项主要途径。据统计，山西省玉米种植面积2 500万亩左右，仅太原盆地玉米收获后的冬闲田面积就达 330 万亩。2020 年以来，山西省牧草产业技术体系按照山西省农业农村厅饲草产业“南北互补、中部突破、全面发力、整体提升”的思路，结合《山西省“十四五”饲草产业发展规划》，以晋中盆地为重点，积极推广利用冬闲田种植饲用小黑麦的技术，将传统的“一年一季”变为“一年两季”的种植模式，既提高了土地利用效率，又增加了农民收入，取得了阶段性成效。充分了解饲用小黑麦的品种特性、栽培技术、加工技术对于山西省饲用小黑麦的技术推广和示范具有重要意义。

1 饲用小黑麦的品种特性

1.1 饲用小黑麦的生物学特性

小黑麦（triticale）为一年生禾本科植物，属于小麦族小黑麦属，是由小麦属（*Triticum*）和黑麦属（*Secale*）经属间杂交，经染色体加倍后，形成的一个异源多倍体新物种。小黑麦作为一种优质的粮饲兼用作物，不仅继承了小麦的高产优质特性，还融合了黑麦的抗逆性强、蛋白质含量高等优点，表现为分布广、适应性强、产量高和品质优等特点。可广泛种植于我国山西、河北、山东、新疆、甘肃、安徽和黑龙江等地。能够在不同环境胁迫下表现出较强的抗逆性，具有稳定的产量和较高的营养价值。

小黑麦抗寒、抗病和抗逆性均表现出色。由于小黑麦根系发达，适应性强，具备耐寒、抗旱和耐盐碱等多重特性，小黑麦还能有效改善土壤肥力、扩大种植区域，尤其在高寒牧区，其种植条件得天独厚。综上所述，小黑麦是我国西南、西北山区粮食种植的重要选择。冬季是家畜的繁殖高峰期，然而在我国北方，气候干旱少雨，冬季缺乏大量青饲料，导致当地生态环境恶化，给畜牧业发展带来困难。小黑麦的种植可以缓解北方地区冬季饲料短缺的问题，促进种植业和畜牧业的协调、可持续发展，还具有突出的低成本和高收益优势。此外，小黑麦还具有生态修复价值，对于推动农业可持续发展具有重要意义。小黑麦杂种优势强大，也使得其在当前农业生产中具有广泛的应用前景。

1.2 不同品种饲用小黑麦的农艺性状

通过 11 个品种品比研究，发现不同品种饲用小黑麦到蜡熟期的时间不同，‘冀饲 1 号’属于早熟品种，抽穗和开花期比其他品种早 5~10 d（表 1）。‘冀饲 3 号’和‘晋饲草 1 号’不同品种株高存在显著差异（$P<0.05$）。在开花期，‘冀饲 3 号’的株高最高，达到 195.00 cm；‘优能’的株高最低，仅为 112.50 cm；其他品种（系）的株高在 122.50~175.00 cm（表 2）。

2 饲用小黑麦的栽培技术

2.1 气候和土壤要求

积温≥2 800℃，无霜期≥130 d，年降水量 300~600 mm。地势平坦、排水良好、中等肥力、中性或微碱性砂壤土或壤土。

表 1　不同品种（系）饲用小黑麦物候期观测结果

品种（系）	物候期/（日/月）									
	插种期	出苗期	分蘖期	拔节期	返青期	抽穗期	开花期	灌浆期	乳熟期	蜡熟期
甘农 2 号（对照）	13/10	23/10	8/11	28/11	24/2	11/5	20/5	24/5	12/6	20/6
石大 1 号	13/10	24/10	9/11	29/11	27/2	15/5	23/5	28/5	16/6	23/6
冀饲 1 号	13/10	22/10	7/11	26/11	24/2	6/5	15/5	21/5	8/6	15/6
冀饲 2 号	13/10	23/10	8/11	28/11	25/2	10/5	20/5	25/5	12/6	20/6
冀饲 3 号	13/10	22/10	7/11	28/11	23/2	11/5	20/5	24/5	12/6	19/6
冀饲 4 号	13/10	24/10	9/11	29/11	27/2	17/5	24/5	28/5	12/6	20/6
中饲 1048	13/10	24/10	10/11	29/11	1/3	17/5	25/5	28/5	12/6	21/6
中饲 3297	13/10	23/10	8/11	27/11	25/2	11/5	23/5	27/5	12/6	20/6
临草 2 号	13/10	23/10	9/11	30/11	27/2	15/5	23/5	27/5	12/6	20/6
晋饲草 1 号	13/10	23/10	8/11	28/11	26/2	15/5	25/5	28/5	13/6	21/6
优能	13/10	25/10	10/11	30/11	1/3	18/5	25/5	30/5	13/6	21/6

表 2　不同品种（系）饲用小黑麦抽穗期、开花期的株高表现　单位：cm

品种（系）	抽穗期	开花期
甘农 2 号（对照）	91.00 ± 1.94^{e}	122.50 ± 1.71^{e}
石大 1 号	114.00 ± 3.40^{cd}	175.00 ± 2.89^{b}
冀饲 1 号	121.50 ± 5.48^{bc}	158.50 ± 2.59^{d}
冀饲 2 号	114.50 ± 1.17^{cd}	172.50 ± 1.71^{bc}
冀饲 3 号	142.00 ± 4.78^{a}	195.00 ± 1.29^{a}
冀饲 4 号	127.50 ± 3.44^{b}	170.50 ± 1.89^{bc}
中饲 1048	113.00 ± 3.51^{cd}	170.50 ± 3.02^{bc}
中饲 3297	110.00 ± 3.94^{d}	169.50 ± 3.02^{bc}
临草 2 号	125.50 ± 2.63^{b}	167.00 ± 1.86^{c}
晋饲草 1 号	128.00 ± 2.38^{b}	165.50 ± 1.89^{c}
优能	99.50 ± 2.63^{e}	112.50 ± 3.59^{f}

注：同列数据肩标不同字母表示差异显著（$P<0.05$），相同字母或无字母表示差异不显著（$P>0.05$）。

2.2　播前准备

2.2.1　整地

前茬作物收获后，根据地块条件，选择翻耕或旋耕作业。作业时土壤要干湿适中，确保拖拉机行走不打滑、耕地不扯条。整地后应达到地面平整、无土块。秸秆直接还田需粉碎且抛撒均匀，镇压踏实，确保一播全苗，壮苗越冬。

2.2.2　基肥施用

结合整地施足基肥，施用肥料要符合 NY/T 496—2010 的规定。上茬作物收获后，每亩施用有机肥 3~4 m^3，并及时深耕。化肥作基肥应于播种前结合地块旋耕施用，每亩施入复合肥 20~30 kg。实施秸秆还田的地块，每亩需增施尿素 3~5 kg。为了高产，也可以选择施入微肥，促进饲用小黑麦根系发育。

2.2.3　播前墒情

播前耕作层土壤含水量以黏土 20%、壤土 18%、砂土 15%为宜。

2.2.4　品种选择

选择国家审定或省级认定的，适合山西省农区种植的抗旱、耐寒等抗逆性强的饲用小黑麦品种。种子质量应符合 GB/T 6142—2008 的规定。饲用小黑麦不同品种对不同地区的适应性不同，需要根据地区气候特点选择本地区适合的高产优质品种。在大面积种植前，要进行品种品比试验。适合山西种植的品种有‘晋饲草1号’、‘冀饲3号’和‘石大1号’等（图1，附录彩图3）。

图1　饲用小黑麦品种筛选

2.3　播种

2.3.1　种子处理

播前晒种1~2 d，每天翻动2~3次。地下虫害易发区可使用药剂拌种或种子包衣进行防治，防治蛴螬、蝼蛄等地下害虫可采用50%辛硫磷乳油100 mL加水2~3 kg拌种50 kg后堆闷2~3 h，晾干备播。种子包衣方法参照GB 15671—2009。

2.3.2　播期及播量

一般9月下旬至10月中旬播种，种子田每亩播量8~10 kg，饲草生产每亩播种量10~15 kg；10月15日之后播种，播期每推后1 d播量增加0.5 kg，最晚播期为10月20日。

2.3.3 播种方式

一般采用小麦播种机播种，以条播为主，行距 15～20 cm。精量播种具有北斗导航功能，使用精量播种机播种，可以节约种子 10%，出苗率增加 12%（图 2，附录彩图 4）。

图 2 饲用小黑麦精量播种

2.3.4 播种深度

播种深度控制在 3～5 cm，播后及时耱地保墒。

2.4 田间管理

2.4.1 灌溉

越冬前浇足越冬水，严禁地表积水和冰层盖苗。春季返青期至拔节期之间需灌水 1 次，灌水量每亩 30～45 m^3。灌溉用水要符合 GB 5084—2021 农田灌溉水质标准（图 3，附录彩图 5）。

图 3 饲用小黑麦返青后灌溉

2.4.2 追肥

结合春季灌水在起身至拔节初期追施氮肥，生产饲草每亩施用尿素 10~15 kg；弱苗在起身期提早追施，旺苗可推迟到拔节期追施，两次施用最佳。没有灌溉条件的种植区域，可以结合降雨，使用撒肥机撒肥，或采用机播旱追肥技术追肥（图 4，附录彩图 6）。生产种子田，每亩施入 10~15 kg 磷酸二氢钾。

图 4　饲用小黑麦机播旱追肥作业

2.4.3 耙耱保墒

在 12 月下旬至翌年 1 月中旬，进行耙耱保墒，防止水分蒸发（图 5，附录彩图 7）。

图 5　饲用小黑麦耙耱保墒

2.4.4 喷施叶面肥

在返青后或拔节期叶面喷施叶面肥，可有效提高饲草产量，增产效率在 3%~5%（图 6，附录彩图 8）。

图 6　无人机喷施叶面肥

2.4.5　杂草防除

返青后及时防除杂草，可以选用针对阔叶杂草的除草剂。

2.4.6　病虫害防治

病虫害防治要重视抗病品种选用、综合应用轮作换茬、物理防治和生物防治技术。农药防治优先选用植物源农药，须符合 GB/T 8321.1—2009 的规定，常见的蚜虫虫害一般在抽穗期发生，可使用 0.3%的印楝素可溶液剂 6～10 mL/亩或 10%的吡虫啉可湿性粉剂 20～30g/亩。

3　饲用小黑麦的生产性能及加工技术

3.1　饲用小黑麦干草加工技术

饲用小黑麦加工干草如图 7 所示（附录彩图 9）。

图 7　饲用小黑麦加工干草

3.1.1 刈割

（1）加工干草的最佳刈割时期为开花期至灌浆期。

（2）刈割机推荐使用世达尔 9GYQ-2.4 型旋转式割草压扁机、库恩 GMD10&100 悬挂式圆盘割草机、纽荷兰 SR200 自走式割草压扁机、库恩三联式割草压扁机、科罗尼 M450 自走式割草机，在加工过程中进行压扁，可以明显缩短饲用小黑麦的干燥时间。刈割机具、作业安全、割幅重叠应参考 NY/T 2461—2013 的要求。

（3）饲用小黑麦留茬高度以 8~10 cm 为宜。

3.1.2 干燥

（1）刈割后的小黑麦于割茬上晾晒，减少地面直接接触。

（2）根据饲用小黑麦水分和天气状况，一般晾晒 2~3 d，并进行摊晒作业 1~2 次。

（3）当小黑麦含水量低于 35%时，将小黑麦搂集成草垄，搂草机应符合 JB/T 10905—2008 的要求。

（4）摊晒或搂草作业安全应遵守 GB/T 10395.21—2021 的要求。

3.1.3 打捆

（1）当小黑麦水分低于 20%后，可进行打捆作业。

（2）利用圆草捆机、方草捆机或捡拾打捆机，将小黑麦散草压制成草捆。

（3）圆草捆机应符合 GB/T 14290—2021 的要求，方草捆机应符合 GB/T 25423—2023 的要求，捡拾打捆机应符合 GB/T 10395.20—2021 的要求。

（4）草捆作业的安全和质量要求，应参考 NY/T 2463—2013 或 NY/T 1631—2008。

（5）方形绳捆的密度应高于 150 kg/m^3，方形钢捆的密度应高于 250 kg/m^3，圆形捆的密度应高于 150 kg/m^3。

3.1.4 贮藏

（1）利用干草捡拾机将干草捆装车，尽快运出地外，避免露天存放。

（2）参考 NY/T 1177—2006 的要求，建设草捆贮放设施。

（3）当小黑麦水分高于 15%时，草捆之间要留有通风道；当小黑麦水分低于 14%时，草捆之间可不留通风道。

（4）应定期巡查，避免虫害鼠害。

3.2 饲用小黑麦青贮加工技术

饲用小黑麦收获和裹包青贮加工见图 8（附录彩图 10）。

3.2.1 青贮前准备

（1）大规模建设宜选用青贮窖，参考 NY/T 2698—2015 建造青贮设施。根据饲养规模、作业便携程度确定青贮设施的容量。青贮前，清理青贮设施内的杂物，检查设施

图 8　饲用小黑麦收获和裹包青贮加工

的质量，如有损坏及时修复。

（2）准备窖贮所需的压实机械和覆膜材料，准备拉伸膜青贮所需的机械和膜等材料。

（3）小黑麦青贮原料应符合 NY/T 2571—2014 的规定。

3.2.2　原料收获

（1）适宜收获期为乳熟期，原料水分以 60%～75%为宜。

（2）机械收获时，留茬高度不低于 5 cm，不得带入泥土等杂物。机械切碎长度为 1～3 cm。

（3）从原料收获到入窖贮藏，时间不宜超过 8 h。

（4）制作拉伸膜裹包青贮应保证原料不落地，避免带入泥土等杂物。

3.2.3　青贮窖贮藏

（1）原料装填要迅速、均一。青贮窖等设施应分段、分层从下至上进行原料装填。原料在青贮设施内应呈中间高周边低的状态。

（2）按照使用说明均匀喷撒乳酸菌制剂、酶制剂、盐制剂或酸制剂，添加剂符合 GB/T 22141—2018、GB/T 22142—2024、GB/T 22143—2008 和 NY/T 1444—2007 的规定。

（3）压实与装填作业交替进行，原料每装填 30 cm 压实 1 次，可采用重型机械压实。压实的密度应达到 650 kg/m^3 以上。压实作业中，不得带入外源性异物。

（4）一般采用塑料薄膜覆盖，塑料薄膜应无毒无害，塑料薄膜外面应放置废旧轮胎、沙袋等重物镇压。

（5）小型青贮设施宜在 3 d 内密封，大型青贮设施宜分段密封。

（6）定期巡查，开窖前每周检查 1 次，开窖后每 2 周检查 1 次。

（7）保证青贮设施的密封性，及时补漏。顶部出现积水应及时排除。

3.2.4　拉伸膜裹包贮藏

（1）切碎后应立即打捆，草捆密度应达到 600 kg/m^3 以上。

（2）在打捆过程中宜使用青贮添加剂，添加剂应符合 GB/T 22141—2018、GB/T 22142—2024、GB/T 22143—2008 和 NY/T 1444—2007 的规定。

（3）打捆后应立即裹包，青贮专用拉伸膜应符合 EN 13207:2018 的规定。裹包层数应大于 4 层，堆垛时层数不宜超过 2 层。

（4）经常检查草捆的密封情况和堆垛情况，底层草捆出现变形时，应及时调整堆垛层数；防止鼠、鸟等造成拉伸膜破坏。

4　饲用小黑麦的示范和推广

4.1　饲用小黑麦技术研究

4.1.1　品种筛选技术

以 11 个饲用小黑麦品种（系）为试验材料，研究其在抽穗期至开花期的株高动态变化，以及开花期的鲜草和干草产量、营养品质及相对饲喂价值，使用灰色关联度分析法对饲用小黑麦品种（系）进行综合评价。‘冀饲 1 号’表现出明显的早熟特性，刈割期比其他品种减少 10~15 d。在开花期，不同品种（系）之间的株高存在显著差异（$P<0.05$），‘冀饲 3 号’的株高最高，达到 1.95 m。11 个品种（系）的干草产量存在显著差异（$P<0.05$），‘晋饲草 1 号’干草产量最高为 13 773 kg/hm^2。综合分析，‘晋饲草 1 号’、‘冀饲 3 号’和‘神农 1 号’适宜山西省种植。

4.1.2　饲用小黑麦水肥耦合技术

以‘晋饲草 1 号’为试验品种在太谷和清徐进行田间试验，设置 4 组施氮梯度 N1（不施氮肥）、N2（50 kg/hm^2）、N3（100 kg/hm^2）、N4（150 kg/hm^2）和 3 组灌溉梯度 W1（雨养）、W2（40 m^3/亩）、W3（80 m^3/亩），N1W1 为对照。对试验区不同水氮组合下饲草产量、系统耗水量（evapotranspiration，ET）、水分利用效率（water use efficiency，WUE）和氮肥农学效率（nitrogen agronomic efficiency，NAE）进行多重比较和方差分析。并基于 APSIM（Agricultural Production System Simulator）模型，对田间数据进行收集，结合气象、土壤和管理数据，构建小黑麦生长模拟模块，通过比较模拟值与实测值，采用“试错法”对模型进行校准和验证。在模型本土化的基础上，结合 40 年（1980—2019 年）气象数据进行情景模拟，设置 4 种氮肥（N1、N2、N3、N4）和 5 种灌溉［I1（−50%）、I2（−25%）、I3（田间试验最优灌溉量）、I4（+25%）、I5（+50%）］的正交实验，再次对小黑麦饲草产量和水氮利用率进行多重比较和方差分析，为利用冬闲田种植饲用小黑麦提供水氮管理依据，结果如下。

（1）田间试验中，太谷和清徐两地均在 W2N3（灌溉量 40 m^3/亩，追氮量 100 kg/hm^2）处理下，饲用小黑麦饲草产量最高，增产效果最好，较对照分别增产 17.40% 和 16.06%；WUE 最高，分别为 49.68 kg/(hm^2·mm) 和 48.18 kg/(hm^2·mm)。然而太谷和清徐两地在 W2N2（灌溉量 40 m^3/亩、追氮量 50 kg/hm^2）处理下，饲用小黑麦 NAE 最高，但增产率低于 W2N3，产量较对照分别增加 15.96%和 15.79%。灌溉量 40 m^3/亩、追氮量 100 kg/hm^2处理下产量最高。

（2）通过模型校准，饲用小黑麦生育期进程模拟值与实测值的 NRMSE（normalized root mean squared error）值在 0.35%~15.38%；太谷和清徐饲草产量模拟值和实测值的 NRMSE 值分别在 0.89%~12.53%和 1.17%~12.79%。综上，NRMSE 值均小于 20%，APSIM 模型在模拟‘晋饲草 1 号’饲用小黑麦的生育期进程和产量方面均表现出良好的性能。

（3）情景模拟中，在丰水年型和平水年型下，饲用小黑麦产量、WUE 和 NAE 分别在 I3N3、I1N2 和 I3N2 处理下达到最大值。在干旱年型下，饲用小黑麦产量和 WUE 在 I4N3 处理下达到最大值；NAE 在 I4N2 处理下达到最大值，但增产率低于 I4N3。综上，丰水年型和平水年型的最优处理为灌溉量 40 m^3/亩、追氮量 100 kg/hm^2；干旱年型的最优处理为灌溉量 50 m^3/亩、追氮量 100 kg/hm^2。

4.1.3 饲用小黑麦长势与产量空间分布监测技术

利用无人机平台光谱技术、光谱与作物表型相关性统计模型与深度、3S 技术，选取 6 类地块 64 个取样点，在每个取样点首先采用无人机平台采集标定地面小黑麦样方内（约 0.5 m^2）的多光谱数据（飞行高度 100 m）；然后通过人工方法在样方内随机选取10株小黑麦，以小黑麦顶部作为参考起点，测量向下的 3 片叶子的叶绿素含量，每片叶子选取 3 个位置测量叶绿素值；叶绿素测量完成后迅速采集选中的 10 株饲用小黑麦测量干重。

使用大疆智图软件，导入取样点地块和青贮基地的多光谱图像，设置投影坐标系，辐射校正后进行二维重建，重建结束后得到区域的二维地图和 NDVI 指数。

采用相关与回归分析方法构建调查研究中采集的小黑麦鲜重、干重、冠层叶片相对叶绿素含量、冠层 NDVI 指数之间定量变化关系模型，获得小黑麦鲜重与干重、冠层 NDVI 指数与干重、冠层 NDVI 指数与鲜重、冠层 NDVI 指数与冠层叶片相对叶绿素含量之间的回归模型（图 9 至图 12）。

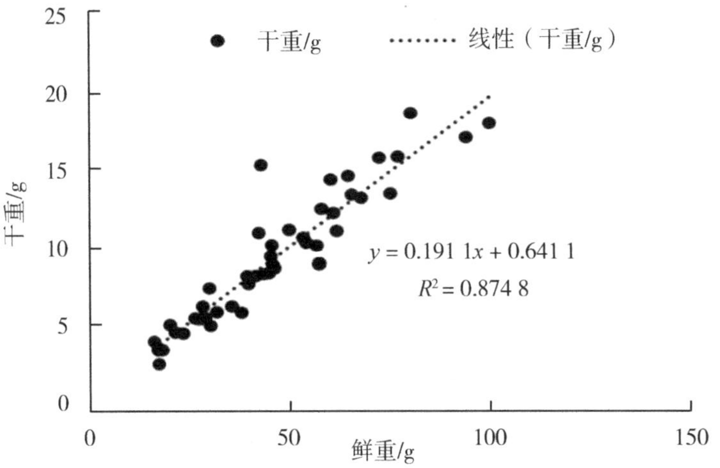

图 9　鲜重与干重的回归关系

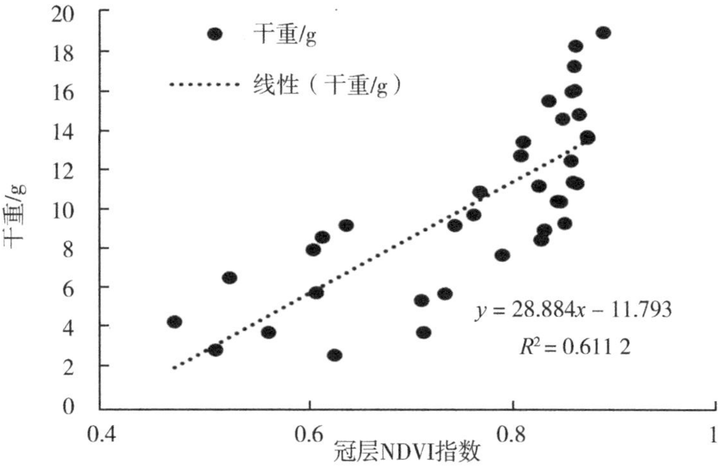

图 10　冠层 NDVI 指数与干重的回归关系

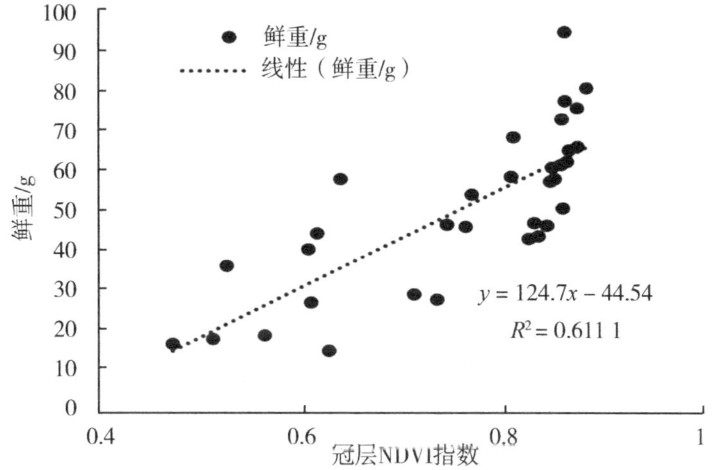

图 11　冠层 NDVI 指数与鲜重的回归关系

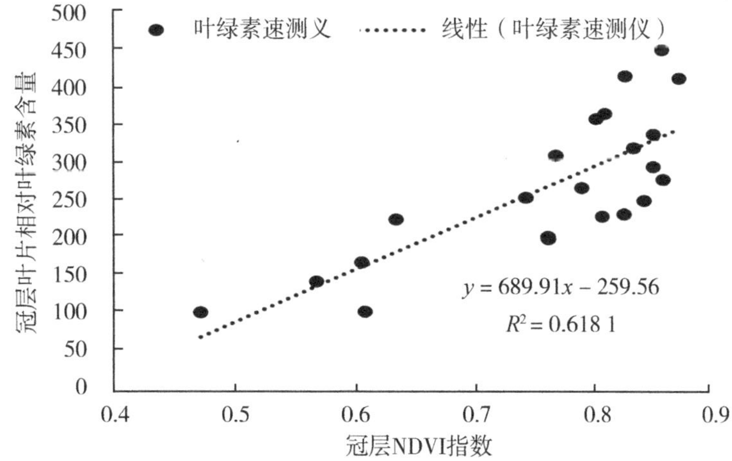

图 12　冠层 NDVI 指数与冠层叶片相对叶绿素含量的回归关系

通过监测获取饲用小黑麦的长势空间分布图、冠层叶片叶绿素相对含量的空间分布图、鲜重产量空间分布的预测图和干重产量空间分布预测图，对饲用小黑麦长势和产量进行分析（图 13 至图 16，附录彩图 11 至彩图 14）。

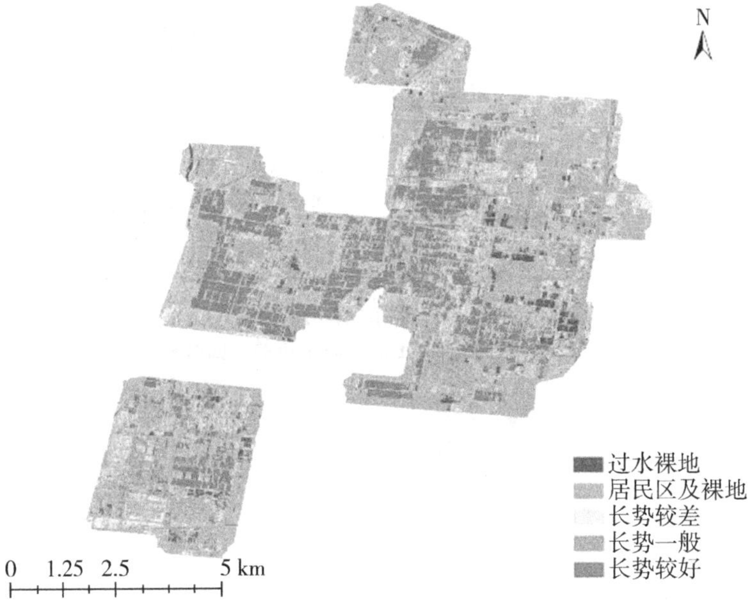

图 13　饲用小黑麦长势图

注：山西惠泽农事服务有限责任公司青贮基地（2023 年 5 月 8 日）。

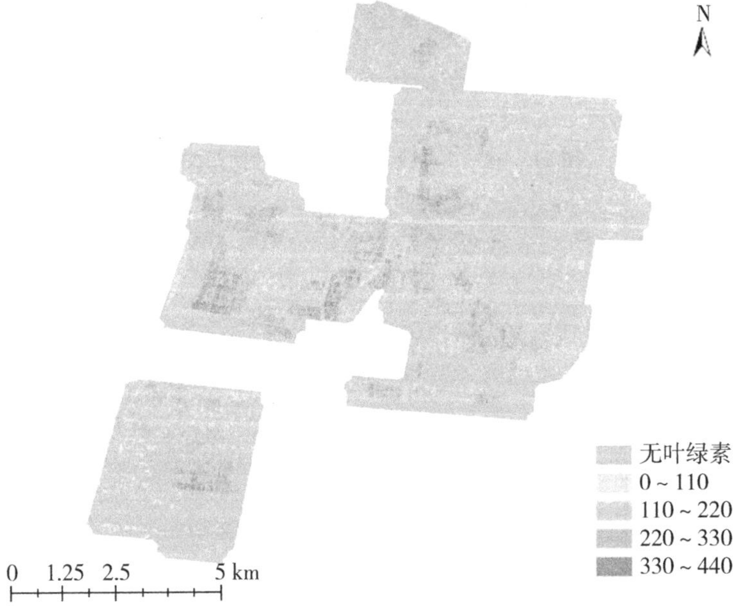

图 14　饲用小黑麦相对叶绿素含量分布图

注：山西惠泽农事服务有限责任公司青贮基地（2023 年 5 月 8 日）。

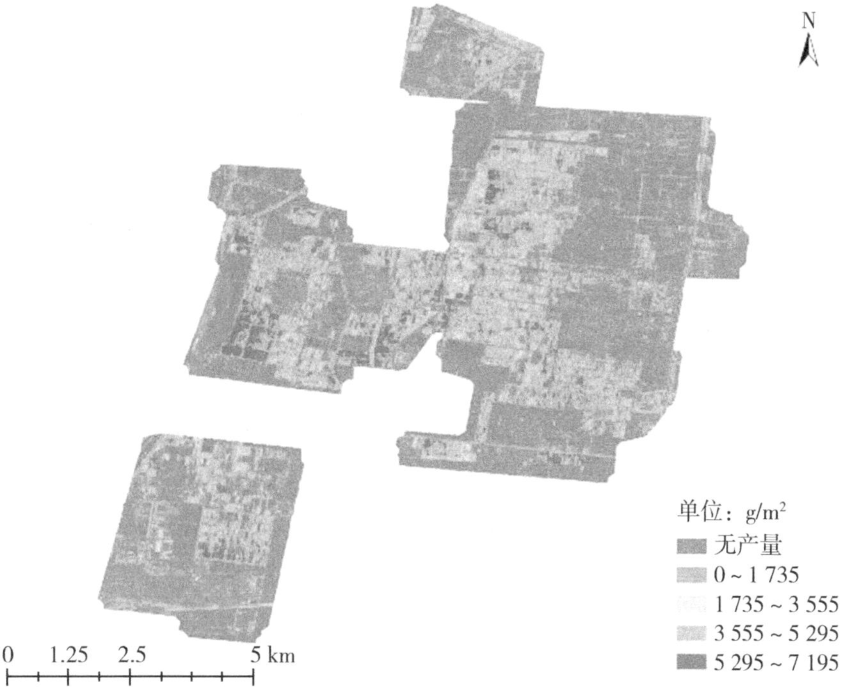

图 15　饲用小黑麦鲜重产量图

注：山西惠泽农事服务有限责任公司青贮基地（2023 年 5 月 8 日）。

图 16　饲用小黑麦干重产量图

注：山西惠泽农事服务有限责任公司青贮基地（2023 年 5 月 8 日）。

4.2 饲用小黑麦的技术推广

4.2.1 开展课题研究

2020年山西省牧草产业技术体系团队和山西省畜牧技术推广服务中心在清徐县、临猗县、灵石县等地，开展了种植饲用小黑麦试验示范。2021年设立了冬闲田种植饲用小黑麦课题，在灵石县、祁县等地开展了冬闲田种植饲用小黑麦品种对比和栽培技术试验。2022年饲用小黑麦高效生产技术被列入山西省农业重大技术协同推广项目，开展了品种筛选、种子繁育、精量播种、水肥耦合、病虫害防控和饲草加工的技术研发与推广。2023年山西省发布了《冬闲田饲用小黑麦栽培技术规程》和《玉米复种饲用小黑麦一年两作栽培技术规程》。冬闲田种植饲用小黑麦技术被列入2022年和2023年山西省农业主推广技术，‘晋饲草1号’被列入2022年山西省农业主导品种。

4.2.2 示范推广成效

（1）政策支持。山西省2023年将饲用小黑麦列入粮改饲项目补贴。

（2）积极开展技术指导和示范观摩。2023年在清徐县、灵石县、榆次区和平遥县依托饲草生产龙头企业，开展饲用小黑麦示范和推广，组织观摩现场会4次，观摩人数达150余人（图17、图18，附录彩图15、彩图16）。

山西省牧草产业技术体体系首席科学家侯向阳指导饲用小黑麦工作

国家牧草产业技术试验站站长刘贵波指导工作

甘肃农业大学杜文华教授指导饲用小黑麦工作

省畜牧推广中心侯东来副主任在灵石县指导饲用小黑麦测产

在栓社县、高平市开展一年两作生产模式推广

在平遥县、介休市开展一年两作生产模式推广

图17 饲用小黑麦技术指导和宣传

山西神农集团清徐县饲用小黑麦协同推广项目基地

朔州市骏宝宸农业科技股份有限公司平遥县饲用小黑麦协同推广项目基地

榆次区饲用小黑麦协同推广项目基地

灵石县鑫奥特农业开发有限公司饲用小黑麦协同推广项目基地

图 18　饲用小黑麦示范基地观摩

（3）种植面积大幅增加。2021 年 9 月，山西省农业农村厅在清徐县召开了“全省冬闲田种植饲用小黑麦技术研讨会”，积极推进冬闲田种植饲用小黑麦工作。随后，2021—2022 年在祁县、小店区、灵石县、襄汾县、文水县、方山县等地 6 个县（区）示范推广饲用小黑麦 3 860亩，2022—2023 年种植面积达 5. 5 万亩，位居全国第二，种植的县（市、区）增加到 12 个，包括清徐县、小店区、榆次区、平遥县、灵石县、文水县、孝义市、原平市、襄汾县、高平市、榆社县和原平市。

（4）经济和生态效益显著。利用冬闲田种植饲用小黑麦具有八大优点。一是充分利用了冬闲田。将玉米等作物收获后的冬闲田种植饲用小黑麦，不与粮争地，提高了土地利用率，扩大了饲草种植面积。二是种植区域广。能够种植冬小麦的地方就适宜种植饲用小黑麦，比燕麦草种植范围广。三是填补优质饲草空档期。饲用小黑麦在每年的 5 月中旬收获，这期间正是饲草青黄不接季节，可避免青贮小麦事件发生。四是可以替代燕麦草。饲用小黑麦蛋白含量在 10%以上，比燕麦草蛋白质含量高，适口性好，是替代牛场急需的燕麦草等禾本科干草的理想选择。五是抗逆性强。饲用小黑麦遗传了黑麦的优异性状，具有较强的耐旱、抗寒特性。六是产草量高。饲用小黑麦在有灌溉条件下，亩产鲜草 3. 5 t，亩产干草 700 kg，比种植燕麦草高出 75%以上。七是经济效益显著。饲用小黑麦与玉米轮作，可以增加一季收入，每亩可多增收 500~700 元。八是增加土地绿化面积。将冬闲田种植饲用小黑麦后，既绿化了国土空间，又起到了防风固土作用。

参考文献

安然，2022. 加快建立现代饲草产业体系推动饲草产业高质量发展：农业农村部畜牧兽医局负责人就《“十四五”全国饲草产业发展规划》答记者问［J］. 北方牧业，(6)：14-15.

陈婷，刘悦，孙蓉，等，2023. 21 种热带园林植物废弃物饲用价值评定［J］. 草地学报，31（5)：1414-1424.

崔紫霞，2018. 六倍体小黑麦材料创制与重要性状遗传研究［D］. 杨凌：西北农林科技大学.

杜永年，秦海生，2019. 我国发展牧草产业现存问题及对策［J］. 农机科技推广（6)：10-13.

李冬梅，田新会，杜文华，2016. 5 个小黑麦新品系的种子产量及产量构成因素分析［J］. 草地学报，24（1)：241-244.

李冬梅，田新会，杜文华，2016. 饲草型小黑麦新品系在甘肃临洮灌区的生产性能研究［J］. 草原与草坪，36（5)：76-81.

刘晶，赵明月，郭宏玉，等，2021. 高寒牧区小黑麦研究进展［J］. 青海科技，28（4)：23-26.

柳茜，乔雪峰，陶雅，等，2021. 冬闲田燕麦饲草种植技术［J］. 四川农业科技，(3)：17-18，24.

张晗，盛子阳，赵新钢，等，2022. 饲用小黑麦在动物生产中的应用研究进展［J］. 动物营养学报，34（8)：4867-4875.

张小伟，2018. 基于 APSIM 模型不同水分处理对旱地春小麦生长发育的影响［D］. 兰州：甘肃农业大学.

张英俊，任继周，王明利，等，2013. 论牧草产业在我国农业产业结构中的地位和发展布局［J］. 中国农业科技导报，15（4)：61-71.

周雅欣，乐祥鹏，魏臻武，等，2021. 江淮地区冬闲田豆禾牧草混播生产模式的发展前景［J］. 草业科学，38（2)：304-315.

AKINSEYE F M，AJEIGBE H A，TRAORE P C S，et al.，2020. Improving sorghum productivity under changing climatic conditions：a modelling approach［J］. Field Crops Research，246：107685.

ASSENG S，KEATING B A，FILLERY I R P，et al.，1998. Performance of the APSIM-wheat model in Western Australia［J］. Field Crops Research，57（2)：163-179.

BASSU S，ASSENG S，GIUNTA F，et al.，2013. Optimizing triticale sowing densities across the Mediterranean Basin［J］. Field Crops Research，144：167-178.

BASSU S，ASSENG S，RICHARDS R，2011. Yield benefits of triticale traits for wheat under current and future climates［J］. Field Crops Research，124（1)：14-24.

FACCINI N, MORCIA C, TERZI V, et al., 2023. Triticale in Italy [J]. Biology, 12 (10): 1308.

HOLZWORTH D, HUTH N I, FAINGES J, et al., 2018. APSIM Next Generation: overcoming challenges in modernising a farming systems model [J]. Environmental Modelling & Software, 103: 43-51.

PROBERT M E, CARBERRY P S, MCCOWN R L, et al., 1998. Simulation of legume-cereal systems using APSIM [J]. Australian Journal of Agricultural Research, 49 (3): 317.

WANG X, LI Y, CHEN X, et al., 2021. Projection of the climate change effects on soil water dynamics of summer maize grown in water repellent soils using APSIM and HYDRUS-1D models [J]. Computers and Electronics in Agriculture, 185: 106142.

饲用小黑麦干草饲喂牛羊效果研究与示范

朱慧森　张元庆　王　曦

（山西农业大学）

摘要：饲用小黑麦是以饲草利用为主要选育目标而培育的新型小黑麦品种，适应性强、产量高、营养丰富、粗蛋白质和糖分含量显著高于小麦和燕麦，氨基酸、维生素等营养成分构成均衡，是反刍动物的优质粗饲料来源。饲用小黑麦耐寒性强，在低温环境下也能稳产高产，因此可利用冬闲田与其他作物复种。本研究在山西省农业重大技术协同推广计划牧草项目资助下，对饲用小黑麦的常规营养成分及饲用价值进行了评价，为饲用小黑麦应用于反刍动物饲料提供理论依据。同时结合动物饲养试验，以饲用小黑麦替代部分燕麦、全株玉米青贮等，评价其对奶牛、肉牛以及肉羊生产性能及血清生化指标等的影响，并通过边示范边推广的方式，逐渐构建饲用小黑麦饲喂技术体系。

关键词：饲用小黑麦；牛羊；营养特性；饲用化；生产性能

引言

随着畜牧业的快速发展，饲料资源不足已成为制约畜牧业可持续发展的重要因素。近年来，饲料市场面临原料缺口扩大、高成本运行的困境。

小黑麦是小麦与黑麦经过杂交育种进行染色体加倍重组而形成的新物种，其抗病性强、适应性广、产量高、生产性能好，同时营养丰富、粗蛋白质含量高、富含膳食纤维与限制性赖氨酸，具有很高的饲用价值。饲用小黑麦是以饲草利用性状为主要选育目标培育的新型小黑麦品种，植株高大，生物产量高，粗蛋白质、糖分含量均显著高于小麦和燕麦，氨基酸、维生素等营养成分构成均衡，基本可以满足反刍动物生长的需求。此外，饲用小黑麦在海拔高、气候寒冷的环境下均能够稳产高产，因此可利用冬闲田与其他作物复种。饲用小黑麦的开发和利用能够有效解决冬春季节家畜优质粗饲料短缺问题，改善中国现有禾本科饲草粗蛋白质含量低的现状。

本研究通过对饲用小黑麦的农艺性状、常规营养成分及饲用价值进行分析，为饲用小黑麦应用于反刍动物饲料提供理论依据。同时结合动物饲养试验，以饲用小黑麦替代部分燕麦、全株玉米青贮等，评价其增重效果，并核算经济效益，形成一套饲用小黑麦饲喂反刍动物技术规程。通过边示范边推广的方式，逐渐构建适合山西省饲用小黑麦饲喂技术体系，一是促进山西省饲料资源的开发利用，二是为饲用小黑麦在反刍动物生产中的应用提供理论和技术支撑。

1 饲用小黑麦营养特性

1.1 饲用小黑麦营养成分

饲用小黑麦可制作干草、青贮及谷物饲料，是动物优质的饲料来源之一。青绿饲用小黑麦的茎叶营养丰富、鲜嫩可口，基本满足反刍动物的生长需要。饲用小黑麦主要将籽粒部分调制成能量饲料，其主要成分与黑麦草属一样为淀粉，含量在60%~67%，同时还含有13%~16%的膳食纤维。饲用小黑麦的粗蛋白质和慢速降解真蛋白含量均显著高于进口和国产燕麦，不可降解蛋白低于国产和进口燕麦，且干物质（dry matter，DM）、粗蛋白质（crude protein，CP）及酸性洗涤纤维（acid detergent fiber，ADF）的瘤胃有效降解率均显著高于燕麦草，饲用价值优于燕麦，具有作为优质粗饲料的潜力。

常规营养成分检测结果显示，饲用小黑麦粗蛋白含量达7.18%，但纤维含量略高，中性洗涤纤维达55.48%，单独饲喂可能影响采食。将其与全株玉米青贮混合后饲喂，可改善其适口性，提高采食量（表1）。

表1 饲用小黑麦常规营养成分

指标	含量/%
干物质	9.78±0.05
粗蛋白	7.18±0.16
粗脂肪	1.79±0.06
中性洗涤纤维	55.48±0.68
酸性洗涤纤维	32.30±0.24

1.2 饲用小黑麦饲用价值

体外产气法和半体内法（尼龙袋法）广泛应用于饲料资源的营养价值评价。通过对饲用小黑麦进行系统的营养价值评定，探讨其作为牛、羊等反刍动物的饲料的利用价值，对理论和实践具有重要的意义。

通过开展饲用小黑麦体外模拟瘤胃发酵试验，选用4头安装有永久性瘤胃瘘管的健康晋南牛阉牛作为试验动物，采集瘤胃液，用体外产气法测定不同发酵时间产气量，计算产气参数，测定72 h发酵液的pH值、氨态氮、挥发性脂肪酸及体外干物质降解率。

结果显示，饲用小黑麦体外发酵72 h后的体外产气量为52.20 mL，体外干物质降解率为62.86%（表2），均低于全株玉米青贮的相关指标。与其他品种小麦秸秆相比，饲用小黑麦的72 h产气量和体外干物质降解率较高，说明饲用小黑麦有较高的可发酵碳水化合物和易发酵成分。体外产气法是国际上常用的饲草料资源饲用价值的评定方法，通过产气量模拟反刍动物瘤胃中有机物质的消化水平。饲料原料中可用来发酵的有机物含量越高，产气量则越高。但是单纯依赖体外产气量不能直接衡量饲料的降解程度，还需要结合体外干物质降解率等指标来综合评定。粗饲料的干物质降解率受纤维素含量和木质化程度的影响，可反映粗饲料体内消化降解的难易程度。干物质的降解率高，有利于生产性能的发挥。

瘤胃中氮留存率是评价反刍动物饲料蛋白质利用率的重要标志，氨氮浓度是瘤胃内饲料含氮物质降解及微生物对氨氮利用的综合反映。瘤胃中氨氮浓度过高或者过低均不利于微生物的生长和繁殖。饲用小黑麦氨氮含量为 23. 18 mg/mL（表 2），在瘤胃微生物发酵的最佳氨氮浓度范围内（6. 2～27. 5 mg/mL），说明饲用小黑麦经过发酵可促进瘤胃微生物的生长。

表 2　饲用小黑麦体外发酵性能

项目	数值
72 h 产气量/mL	52. 20±1. 08[a]
体外干物质降解率/%	62. 86±2. 84[a]
氨态氮/（mg/mL）	23. 18±0. 28[c]
pH 值	6. 83±0. 05[ab]
乙酸/（mmol/L）	38. 58±1. 56[b]
丙酸/（mmol/L）	13. 17±0. 51[b]
丁酸/（mmol/L）	4. 55±0. 19[c]
总挥发性脂肪酸/（mmol/L）	58. 84±1. 13[b]
乙酸/丙酸	2. 93±0. 01[b]

注：同列数据肩标不同小写字母表示差异显著（$P<0.05$）。

2　饲用小黑麦饲用化利用研究进展

2.1　饲用小黑麦在奶牛上的应用

近年来，小黑麦已广泛应用于奶牛生产。在饲粮中添加小黑麦草粉、干草、籽实饲料、小黑麦青贮能促进断奶犊牛胃肠道发育，提高奶牛干物质采食量、日增重、泌乳量及乳品质，降低饲料成本，并减少母牛在围产期患胎衣不下、子宫炎、乳腺炎的风险。

2. 1. 1　饲用小黑麦对断奶犊牛的影响

据统计，每年有数百万头奶公犊牛出生，大部分经简单喂养后宰杀，不仅降低了养殖效益，而且浪费了庞大的奶公犊牛资源。使用鲜奶或代乳粉饲喂奶公犊牛能获得良好的经济效益，但鲜奶和代乳粉价格较贵，并且饲喂非常不便。如何合理利用固体饲料代替液体代乳粉饲喂公犊牛成为需要关注和解决的问题。将小黑麦草作为粗饲料制成全价颗粒料代替代乳粉饲喂犊牛，可促进犊牛组织器官和胃室发育。

2.1.1.1　饲用小黑麦对断奶犊牛屠宰性能的影响

屠宰率和净肉率是反映动物屠宰性能的重要指标，日粮中添加10%的小黑麦作为粗饲料，可提升犊牛宰前活重，增大眼肌面积，提高产肉性能。

2.1.1.2　饲喂小黑麦对断奶犊牛组织器官发育的影响

日粮水平对反刍动物的消化道发育有直接影响。添加小黑麦作为粗饲料和非降解纤维，有利于反刍动物消化道的生长发育。刺激肠道发育的主要因素是可发酵纤维，影响可吸收营养物质的数量与消化道的质量。纤维物质在消化道流通时，会促进肠道重量的增加及肌肉层变厚，使肠黏膜面积增大，影响黏膜乳头形态变化，最终促进肠道内营养物质的代谢。

2.1.1.3　饲喂小黑麦对断奶犊牛复胃各胃室发育的影响

饲料的组成及形态、挥发性脂肪酸、瘤胃pH值和微生物是影响瘤胃发育的主要因素。其中挥发性脂肪酸的比例是直接原因，瘤胃微生物的变化则是根本原因。日粮中碳水化合物的结构类型会影响挥发性脂肪酸和瘤胃微生物的变化，导致瘤胃发酵模式的改变，从而影响瘤胃的发育。日粮中所含碳水化合物的水平会影响犊牛瘤胃的大小和组织形态发育。以小黑麦作为粗饲料，瘤胃、网胃和瓣胃的鲜重及其组织形态发育程度随日粮中粗料比例的增加而提高，可能的原因是粗饲料中碳水化合物经瘤胃微生物发酵产生的乙酸、丙酸和丁酸等挥发性脂肪酸可刺激瘤胃的发育。此外，粗料水平高的颗粒饲料中未降解物质如ADF的含量高，能更好地提高瘤胃的重量，促进瘤胃上皮乳头的长度、宽度及瘤胃绒毛密度，并且这种物理性刺激可促进瘤胃容积增大。

2.1.2　饲喂小黑麦对奶牛泌乳量及乳品质的影响

小黑麦干草饲喂高产奶牛，可极显著提高产奶量，降低饲喂成本，提高经济效益。

2.1.2.1　饲喂小黑麦对产奶量的影响

使用小黑麦青贮替代燕麦干草可不同程度地提高奶牛产奶量。替代50%和100%燕麦干草时，奶牛产奶量分别提高0.8 kg/d和0.68 kg/d，可能是因为小黑麦青贮中可利用纤维含量高于燕麦干草，替代饲粮中的燕麦干草后饲料转化率提高，机体对营养物质吸收作用增强，从而提高产奶量。小黑麦青贮替代50%燕麦干草时，奶牛干物质采食量（dry matter intake，DMI）增加；替代100%燕麦干草能显著提高奶牛DMI和乳脂校正乳（fat corrected milk，FCM）。由于小黑麦青贮发酵后CP含量增多，中性洗涤纤维（neutral detergent fiber，NDF）和可溶性糖含量降低，适口性优于小黑麦干草，能够有效提高饲粮中DM、CP和NDF的消化率。而饲粮NDF消化率的提高能够减轻纤维物质排出瘤胃时的阻碍，缩短饲粮在瘤胃的滞留时间，使营养物质更易被瘤胃消化吸收，从而增加DMI和产奶量。

奶牛日粮中添加适量小黑麦干草替代羊草，可以极显著提高产奶量。干物质采食量是影响奶牛产奶量的重要因素。在日粮营养成分含量基本相同的条件下，干物质采食量越大，奶牛的产奶量越高，干物质采食量与产奶量的变化规律基本一致。可能是小黑麦干草较羊草适口性更佳，日粮中添加适量小黑麦干草可以提高奶牛采食量，进而提高奶牛产奶量。

2.1.2.2　饲喂小黑麦对乳品质的影响

奶牛乳品质主要取决于乳脂肪和乳蛋白的含量。乳脂是乳汁形成过程中变化最大的成分，乳脂率一般和产奶量呈负相关。产奶量增多时乳脂因产奶量的增加而有所稀释，导致其含量降低。使用小黑麦青贮替代不同比例的燕麦干草均可以不同程度地提高奶牛的乳脂量和乳蛋白量。替代50%燕麦干草可在不影响产奶量的同时提高乳脂率和乳蛋白率，表明饲粮中添加部分小黑麦青贮可以在增加产奶量的同时维持乳成分的稳定。这是因为青贮发酵使小黑麦青贮 NDF 的可消化部分高于燕麦干草，使用小黑麦青贮替代燕麦干草时，饲粮可消化纤维含量升高，瘤胃中乙酸和丁酸的含量也会随之增加，有利于乳脂的合成，从而提高乳脂含量。乳蛋白率是评价乳品质的重要指标，与奶牛 DMI、饲粮 CP 含量等密切相关，小黑麦青贮 CP 含量与燕麦干草差异不显著，但小黑麦青贮中可被瘤胃降解的 CP 含量高于燕麦干草，且使用小黑麦青贮替代燕麦干草能够提高奶牛 DMI，提高乳品质。

2.1.2.3　饲喂小黑麦对奶牛围产期生产性能的影响

围产期是奶牛生产中一个关键的特殊时期，这一时期最大的特点是能量负平衡，这也是奶牛能量代谢障碍性疾病的高发期。燕麦草有甜干草的美誉，有较好的适口性，是围产期奶牛较好的粗饲料来源。但进口燕麦草价格高。饲用小黑麦干草品质介于燕麦草和羊草之间，具有较大的价格优势，可以替代燕麦草饲喂围产期奶牛以降本增效。

2.1.3　饲用小黑麦对围产期奶牛的影响

2.1.3.1　饲喂小黑麦对奶牛围产期干物质摄入量的影响

奶牛围产期的干物质摄入量受体重、产奶量、环境条件、饲料品质、饲料类型以及饲喂方式等诸多因素的影响和制约。大多数奶牛在围产期食欲减退，干物质摄入量减少，导致泌乳初期能量短缺，机体处于能量负平衡状态。奶牛妊娠后期，胎儿快速增大以及腹腔脂肪蓄积造成机械性压迫，使瘤胃容积变小，这可能是干物质摄入量减少的原因之一。但是胎儿出生后，泌乳初期奶牛的干物质摄入量并未因瘤胃机械性压迫的自发解除而增加，表明瘤胃机械性压迫并不是引起围产期奶牛干物质摄入量减少的主要原因。在一定的生理条件下，围产期奶牛干物质摄入量与其体内能量储备情况呈负相关，而分娩时体况与产后脂肪动员呈正相关。干奶期过于肥胖，可导致产后干物质摄入量明显减少。有研究指出，代谢信号对奶牛采食的调节作用尤为突出，包括营养素、代谢产物、生殖激素、应激激素、瘦素、胰岛素、肠肽、细胞因子和神经肽 Y 等。其中瘦素和神经肽 Y 在奶牛围产期间，可能伴随相关代谢信号的改变导致代谢紊乱，造成奶牛的干物质摄入量降低。小黑麦替代燕麦草后围产期奶牛干物质摄入量有所提高，说明小黑麦干草替代燕麦草未影响日粮的适口性，对缓解围产期奶牛能量负平衡，降低营养性能量代谢障碍性疾病具有积极作用。

2.1.3.2 饲喂小黑麦对奶牛围产期营养疾病的影响

（1）胎衣不下。胎衣不下是指母牛产出胎儿后一定时间内不能排出胎衣的一种产科疾病，也称胎衣滞留，包括胎衣全部不下和部分不下 2 种情况。病牛一般无全身症状，仅采食量和泌乳量下降。只有出现子宫弛缓或外伤时，才会出现全身症状。饲养管理不善、营养不均衡、体质差、饲料单一、缺乏维生素及钙和硒、运动不足、产后不及时给仔畜哺乳、牛体过瘦或过肥等，都可使胎衣不下发病率增加。饲喂小黑麦能显著降低胎衣不下的发生率，表明小黑麦干草营养全面，适合饲喂围产期奶牛。

（2）产后瘫痪。产后瘫痪是一种严重的代谢紊乱性疾病，是奶牛的常见多发病，通常为急性低血钙症。该病多发生于 3~6 胎的经产奶牛，而且大都在产后 3 d 内发病。该病易复发，且高产牛发病率高，给养殖业带来一定的经济损失。体内血钙下降的主要原因是分娩前后初乳大量分泌，导致钙从血液中进入乳中，而肠道吸收的钙和从骨骼中动员的钙不足，使血钙含量降低。此外，肠道吸收钙能力下降和从骨骼中动员钙储备的速度降低等，也是血钙急剧下降的重要原因。日粮中钾过量易破坏奶牛血钙和血镁浓度的平衡，也是引发产乳热或低血镁症的重要原因。饲喂小黑麦能显著降低产后瘫痪的发生率，说明小黑麦干草的微量元素含量适中，符合围产期奶牛的营养需求。

（3）皱胃变位。奶牛产前 2~4 周到产后 2~4 周的围产期是皱胃左方变位的主要危险期，成年高产奶牛的发病率高于低产母牛，犊牛和公牛发病较少，初产母牛的发病率相对较高。奶牛干奶期日粮主要以粗饲料为主，而产犊期为了满足其营养需求，日粮从富含粗料的日粮转变为富含精料的日粮。此时精料过多，优质干草等容积性饲料缺乏，导致瘤胃的充盈度不足，饲料在前胃很快发酵，产生大量的有机酸，且停留时间短、消化不充分就进入皱胃。这不仅使整个消化道的酸度增加，引起胃肠弛缓，特别是皱胃弛缓，而且增加了皱胃的负担，使其容积增大。再加上妊娠后期胎儿将瘤胃向前挤压以及对皱胃的压迫，皱胃弛缓更加严重。在分娩前后特别是分娩后，由于采食量减少，瘤胃比较空虚，弛缓的皱胃则易于从比较空虚的瘤胃后下方移到其左边。饲喂小黑麦能显著降低皱胃变位的发生率，可能与小黑麦干草提高采食量有关，说明产前产后增加小黑麦干草饲喂量可有效预防皱胃变位。

2.1.4 饲喂小黑麦对奶牛经济效益的影响

饲用小黑麦作为新型粗饲料资源，种植面积广泛，产量高丁苜蓿干草、黑麦草和燕麦干草，且小黑麦青贮 ADF 和 NDF 含量较低，营养价值较高。相对于燕麦干草，饲用小黑麦产量高，青贮加工过程中营养损失较少，贮存时间长，便于推广利用，在常用牧草产量不足以支持奶牛生产时，每头奶牛每天补充 5 kg 小黑麦青贮可以维持正常产奶量，保持经济效益。使用饲用小黑麦青贮替代燕麦干草时，奶牛的饲料成本和乳收入均有所提高，表明饲用小黑麦青贮替代等量干物质的燕麦干草虽然增加了饲粮成本，但同时也提高了奶牛的平均日产奶量和乳收入，且替代 50%燕麦干草时，净增收益最大。因此，使用饲用小黑麦青贮替代奶牛饲粮中的燕麦干草具有一定的可行性，不仅可以有效解决冬春季节家畜粗饲草短缺问题，还可以提高奶牛的经济效益。

2.2 饲用小黑麦在肉牛上的应用

目前，小黑麦在国内的研究主要集中在品种选育和营养成分分析上。近年来，关于饲用小黑麦干草和青贮饲料的研究大多集中在绵羊和奶牛方面，而有关肉牛的饲喂效果研究鲜有报道。

饲料作为生态系统中物质循环的一个重要环节，动物通过食物链从饲料中摄取营养物质，在体内经过复杂的消化、吸收和代谢过程，用于维持生命活动并转变为机体的成分和动物产品。粗饲料品质的好坏直接影响反刍动物的生长发育。马淑梅等研究结果表明，在育肥前 30 d、30~90 d 及整个育肥期饲喂小黑麦青贮降低了肉牛平均日采食量，但在育肥 30~90 d 时，肉牛日粮中添加 30%的小黑麦青贮，平均日增重和平均日采食量较前 30 d 有所提高，料重比降低，饲料转化效率提高。反刍动物日粮中小黑麦的添加量不超过 40%时，有利于其生产性能的发挥。这可能与小黑麦中的纤维含量过高有关，纤维含量过高会影响反刍动物的采食，肉牛摄入过多小黑麦后不易消化利用，从而降低了日增重，导致料重比增加。

麦秸型饲料存在消化率不高的问题，但通过科学加工调制可以使其营养含量以及消化利用率成倍提高。徐芳等选择山西小黑麦为研究对象，设置全株微贮组、秸秆黄贮组、秸秆微贮组、秸秆氨化组和秸秆碱化组，测定了 5 种加工方式对秸秆品质的影响，并利用体外模拟瘤胃发酵的方法评价了发酵性能，结果表明，全株微贮处理可以提高麦秸的品质，综合评价整体性能，全株微贮组最佳。袁玖等利用体外产气法测定了精粗比 40∶60 时，精料补充料、苜蓿和小麦秸/氨化小麦秸不同比例组合的发酵参数。结果表明，氨化小麦秸比小麦秸需要搭配更少的苜蓿，就能达到最大组合效应值。

2.3 饲用小黑麦在肉羊上的应用

小黑麦在羊生产上的应用主要体现在干草和青贮饲喂绵羊的效果上。张婵娟等研究表明，在绵羊饲粮中添加 40%的小黑麦干草会显著降低采食量，影响羔羊发育。添加 25%的小黑麦干草可以使食入氮和可消化氮含量升高，为最适添加量。刘洁等在绵羊饲粮中添加 32%的小黑麦青贮，其食入氮和氮沉积都高于全株玉米青贮。这说明添加小黑麦干草可以提高氮的利用效率，促进营养物质消化。张玉洁等通过添加不同比例的小黑麦干草替代基础日粮中的粗饲料，发现添加 10%的小黑麦干草能有效改善羔羊的生长性能、采食行为和反刍行为。张晗等研究表明，在育肥湖羊羔羊饲粮中添加饲用小黑麦青贮对其血浆指标以及瘤胃形态无不良影响，其中 10%的添加比例能改善湖羊瘤胃发酵性能。

3 饲用小黑麦示范效果评价

3.1 饲用小黑麦饲喂奶牛效果评价

以奶牛饲用小黑麦干草替代燕麦干草核心技术示范试验 2 个月后，试验效果良好，示范作用显著。在朔州市山阴县子林奶牛养殖合作社开展的奶牛饲用小黑麦干草替代燕麦干草核心技术示范中，在实施团队在技术首席专家与推广首席的全面掌握与把控下，利用技术专家的专业技术优势，系统开展了饲用小黑麦替代燕麦干草饲喂泌乳期奶牛的关键技术协同推广。试验结果表明，按营养当量替代后，每吨饲料成本降低了约 500 元。目前，试验场内已经推广 150 t 的饲用小黑麦干草，可节约成本 7.5 万元，示范效果良好，可成为养殖奶牛的固定模式，为产业节本增效树立典范。

通过奶牛养殖饲草中小黑麦对国产燕麦的替代，饲料成本、奶牛单产水平、乳质成分、产奶量等发生了不同程度的变化，具体内容如下。

（1）使用黑麦草后，对高产奶牛群、新产奶牛群及低产奶牛群每日的饲料成本存在不同程度的影响，高产奶牛群的成本由原来的 82.620 元/头下降到 77.755 元/头，下降 4.865 元/头；新产奶牛群的成本由原来的 71.355 元/头下降到 66.020 元/头，下降 5.335 元/头；低产奶牛群的成本由原来的 56.49 元/头下降到 51.44 元/头，下降 5.05 元/头。

（2）使用黑麦草后，奶牛单产增长 3.5 kg，奶成本降低 0.1 元/kg。

（3）使用黑麦草后，平均乳脂率为 3.59%，比使用国产燕麦草提高了 0.09%；平均乳蛋白率为 3.26%，比使用国产燕麦草降低了 0.19%。

（4）使用黑麦草后，牛场平均泌乳天数为 169 d，比使用国产燕麦草延长了 7 d。

（5）使用黑麦草后，牛群平均脂蛋比为 1.15，比使用国产燕麦草上升了 0.06；平均尿素氮含量为 11.1 mg/dL，比使用国产燕麦草降低了 2 mg/dL。

（6）使用黑麦草后，牛群平均体细胞数为 24.1 万个/mL，比使用国产燕麦草下降了 6.2 万个/mL。

（7）使用黑麦草后，高峰期产奶量提高了 5.1 kg，牛群平均高峰日为 82 d，比使用国产燕麦草缩短了 4 d。

3.2 饲用小黑麦饲喂肉牛效果评价

由于燕麦草价格高，目前肉牛场很少使用燕麦草，因此本方案主要分析饲用小黑麦饲喂肉牛的结果。通过将饲用小黑麦替代肉牛粗饲料中的全株玉米青贮（精料仍为试验牛场提供，饲喂量根据试验牛体重增长调整），比较饲用小黑麦对肉牛的生长性能的影响，并进行经济效益分析，为生产中利用饲用小黑麦提供技术支撑和数据依据。

采用单因子完全随机区组设计，选取健康状况良好、体重 400~500 kg 的肉牛进行饲用小黑麦育肥试验。结合示范场青贮饲草实际生产技术状况，设置 2 种不同粗饲料配方，对照组日粮粗饲料为每天饲喂全株玉米青贮 12 kg，试验组为饲用小黑麦干草 1 kg+全株玉米青贮 10 kg。对照组和试验组精料相同，均为每天 4 kg。精料购于河北创美生物科技有限公司，饲用小黑麦购于山西惠泽农事服务有限公司。试验地点为平遥上午勤兴健养殖专业合作社，日常管理参照试验牛场的饲养管理。预试期 7 d，试验期 97 d，试验期间，记录肉牛体重，计算日增重。每日 7:00 和 17:00 定时饲喂，饲喂结束后，清除食槽内剩余草料，根据剩料量计算饲料采食量。

3.2.1 饲用小黑麦饲喂肉牛增重效果

在整个试验期共称重 4 次，按照称重时间分为前期、中期和后期，每个时期分别为 35 d、41 d 和 21 d，在每个试验期最后一天晨饲前称重，并根据收集的数据计算日增重结果。试验期从 2023 年 9 月 14 日正式开始，2023 年 10 月 19 日第一次称重，在经历一次分组调圈和称重应激后，牛群第一个月对照组和试验组的增重结果分别为 0.64 kg/（头・d）和 0.67 kg/（头・d），试验组日增重提高了 4.69%。育肥中期，牛群状况逐渐恢复，增重略有恢复，对照组为 0.83 kg/（头・d），试验组为 0.80 kg/（头・d）。试验后期为 2023 年 11 月 29 日至 2023 年 12 月 20 日，共 21 d，此时的试验组日增重较对照组提高了 0.06 kg（表 3）。

表 3　饲用小黑麦饲喂肉牛增重效果　　单位：kg

试验期	指标	对照组	试验组
前期（1~35 d）	始重	432.10±34.79	426.40±26.72
	末重	454.40±34.63	449.80±27.37
	日增重	0.64±0.13	0.67±0.11
中期（36~76 d）	末重	488.40±49.12	482.80±36.19
	日增重	0.83±0.16	0.80±0.23
后期（77~97 d）	末重	502.80±61.29	499.80±63.92
	日增重	0.71±0.24	0.77±0.23
全期（1~97 d）	日增重	0.74±0.19	0.75±0.24

分析整个试验期，对照组和试验组的日增重结果都表现出先增加后降低的趋势，全期日增重结果分别为 0.74 kg（对照组）和 0.75 kg（试验组），试验组比对照组提高 1.35 %。但因为试验期短，在经历了牛群分组调圈、多次称重以及冬季低温等应激因素，牛群体况恢复不佳，同时受市场行情影响，饲粮提供并未达到肉牛营养需求，因此整体增重效果未达到正常育肥水平。

3.2.2 饲用小黑麦饲喂肉牛经济效益分析

对照组粗饲料为全株玉米青贮，试验组粗饲料为全株玉米青贮+饲用小黑麦。与对照组相比，计算分析试验组增重收益、饲料成本和养殖效益，全株玉米青贮以 550 元/t、饲用小黑麦 1 850 元/t、精料 3 480 元/t 计算，牛价以目前市场价 26 元/kg 计算。结果如表 4 所示，对照组和试验组牛整个试验期平均日增重分别为 0.74 kg 和 0.75 kg，平均日耗料分别为 8.59 kg 和 8.75 kg。料重比为以试验组较低，比对照组降低了 2.75%。在不计人工以及其他投入，仅考虑增重效益和饲料成本的情况下，对照组每头牛整个试验期比试验组少亏损 47.53 元。

表 4　饲用小黑麦饲喂肉牛经济效益核算

指标	对照组	试验组
平均日增重/（kg/头）	0.74±0.19	0.75±0.24
平均日耗料/（kg/头）	8.59±0.26	8.75±0.32
料重比	11.61±0.37	11.29±0.48
增重收益/（元/头）	23.68	24.32
饲料成本/（元/头）	20.52	21.27
试验期养殖效益/（元/头）	−124.16	−171.69

3.2.3　总结与分析

小黑麦是一种营养丰富的饲料，可以作为肉牛的饲料之一。小黑麦含有丰富的蛋白质和碳水化合物，有助于提高肉牛的生长速度和肌肉质量。在饲料配制中，可以将小黑麦与其他谷物混合，以保证肉牛获得全面的营养。同时，需根据肉牛的不同生长阶段和体重确定合适的饲喂量和配比，以确保肉牛健康成长。本研究饲喂试验结果受多种应激因素以及市场行情影响，整体饲喂效果不佳，并未达到育肥预期。但是就当前结果而言，饲用小黑麦饲喂肉牛并未影响肉牛增重，且呈现出降低料重比的趋势。后续可继续开展饲用小黑麦饲喂肉牛的试验研究，在延长试验期的基础上，继续探讨饲用小黑麦对肉牛生长性能的影响。同时建议将饲用小黑麦制作成青贮利用，有研究证明饲用小黑麦青贮青绿多汁、粗蛋白含量高、干物质损失少、营养价值丰富，且优于全株玉米青贮。有研究表明，小黑麦全株微贮可显著提高丙酸的含量。

3.3　饲用小黑麦饲喂肉羊效果评价

选择 36 只体重为（45.42±2.15）kg、4 月龄且生理状态相似的健康育肥母湖羊，随机分为 2 组，分别为对照组（不添加小黑麦干草）和试验组（小黑麦干草添加量占总饲喂量的 10%）。试验期间观察试验羊的剩料及饲喂情况，及时调整饲喂量，保障羊只正常生理状态。预试期 14 d，正试期 33 d，每日 8:00 和 16:00 饲喂，自由采食，自由饮水。

正试期第一天和最后一天对所有试验羊空腹称重。正试期最后一天晨饲前，从湖羊颈静脉采血 10 mL，离心（633×*g*，15 min）后取上清液并分装，将血清样品保存于−80℃冰箱，测定血清常规生化指标、抗氧化指标和免疫指标。

3.3.1　饲用小黑麦饲喂肉羊增重效果

整个试验期，试验组增重 10.4 kg/头，对照组增重 12 kg/头，试验组与对照组相比降低了 13.33%。试验组的平均日增重低于对照组，对照组与试验组差异不显著。料肉比试验组比对照组增加了 16.09%，二者差异亦不显著（表 5）。这可能是由于饲用小黑麦干草含有较高的纤维，摄入过多饲用小黑麦干草，肉羊不易消化利用，从而降低日增重，提高料肉比。

表 5　饲用小黑麦饲喂肉羊增重效果

项目	对照组	试验组
平均日增重/（kg/d）	0. 25±0. 02[a]	0. 22±0. 03[a]
料肉比	3. 48±0. 34[a]	4. 04±0. 48[a]

注：同行数据肩标不同小写字母表示差异显著（*P*<0. 05）。

3.3.2　饲用小黑麦对肉羊血清生化指标的影响

血清生化指标能够反映动物的健康状况以及营养状况，有助于监控和检测疾病。动物机体蛋白质吸收、合成和代谢的能力是由总蛋白（total protein，TP）和白蛋白（albumin，ALB）含量所反映的。血清 TP 含量增加，机体消化利用蛋白质的能力增强，有利于机体积累蛋白质，从而促进动物健康生长。本试验中，TP、ALB 含量差异不显著，表明饲喂小黑麦干草对肉羊肝脏合成功能无损害作用，机体代谢正常。这与牛文静用全株小麦饲喂荷斯坦公牛结果相似，也与陈永广等研究驴饲粮中小黑麦干草比例增加但血清生化指标无显著差异的结果一致。总胆固醇（total cholesterol，TC）含量与机体的脂质代谢水平有关，能反映动物肝脏的健康状况，肌酐（creatinine，CREA）含量过高表明肾脏受损。同时谷草转氨酶（aspartate transaminase，AST）和谷丙转氨酶（alanine transaminase，ALT）活性能反映肝脏功能，若其活性过高则表明肝脏和心脏受损。本试验中，ALT、CREA、AST、TC 含量均无显著差异，说明小黑麦干草对肉羊的肝脏、肾脏、心脏功能无损害。糖代谢对动物的生理功能、免疫功能以及生殖功能具有重要的调节作用。葡萄糖（glucose，GLU）含量有助于评估动物的糖代谢状态和体内能量代谢水平。血清中尿素（urea，UREA）含量可用于评估动物机体蛋白质的合成与分解以及氮的摄入与吸收。饲用小黑麦干草对 GLU、UREA 含量均无显著影响，表明饲用小黑麦干草对肉羊机体能量代谢无负面影响（表 6）。

表 6　饲用小黑麦饲喂肉羊血清生化指标

项目	对照组	试验组
总蛋白 TP/（g/L）	63. 28±5. 92[a]	68. 52±7. 74[a]
白蛋白 ALB/（g/L）	29. 04±3. 92[a]	29. 50±2. 52[a]
总胆固醇 TC/（mmol/L）	1. 31±0. 10[a]	1. 48±0. 22[a]
肌酐 CREA/（μmol/L）	78. 80±12. 48[a]	82. 45±6. 44[a]
尿素 UREA/（μmol/L）	10. 73±1. 71[a]	10. 83±2. 00[a]
葡萄糖 GLU/（mmol/L）	4. 24±0. 59[a]	4. 53±0. 49[a]
谷草转氨酶 AST/（U/L）	108. 73±9. 81[a]	96. 77±16. 36[a]

（续表）

项目	对照组	试验组
谷丙转氨酶 ALT/（U/L）	18.46±7.35[a]	19.10±7.33[a]
乳酸脱氢酶 LDH/（U/L）	486.36±57.64[a]	474.72±121.62[a]
肌酸激酶 CK/（U/L）	383.03±388.21[a]	499.72±670.77[a]
碱性磷酸酶 ALP/（U/L）	391.10±164.51[a]	329.34±92.17[a]

注：同行数据肩标不同小写字母表示差异显著（$P<0.05$）。

3.3.3 饲用小黑麦干草对肉羊机体抗氧化能力、免疫力的影响

在生理状态正常的情况下，机体能够通过提高过氧化氢酶（catalase，CAT）、超氧化物歧化酶（superoxide dismutase，SOD）、谷胱甘肽过氧化物酶（glutathione peroxidase，GSH-Px）的活性，来降低丙二醛（malondialdehyde，MDA）含量，从而减少因脂质过氧化造成的机体损伤。抗氧化能力越强，生理功能表现越优秀。SOD、MDA、CAT、二胺氧化酶（diamine oxidase，DAO）、GSH-Px 是反映生物机体抗氧化能力最直观的指标。在代谢过程中，机体会产生损害碳水化合物、脂质、蛋白质和 DNA 等生物大分子的活性氧（reactive oxygen species，ROS）。ROS 会导致氧化应激，使生理功能、免疫力和生产性能衰退。为了应对这些不良影响，抗氧化防御系统（reactive oxygen species，AOS）会释放 CAT、SOD、GSH-Px。血清中的 CAT、SOD、GSH-Px 能消除生物体新陈代谢产生的有害物质，起到延缓衰老的作用。MDA 是生物膜中不饱和脂肪酸在氧自由基攻击下产生的终产物，能够间接反映氧自由基损伤细胞的程度。机体抗脂质过氧化能力提高，MDA 含量减少。总抗氧化能力（total antioxidant capacity，T-AOC）是衡量体内抗氧化能力的综合指标，反映了促氧化剂和抗氧化剂之间的动态平衡以及自由基代谢状态。

试验中，试验组的 GSH-Px、SOD、CAT 活性高于对照组，而 DAO、MDA 含量低于对照组，表明试验组机体抗脂质过氧化能力强。试验组相较于对照组 T-AOC 含量高，表明添加 10%饲用小黑麦干草可以提高机体抗氧化能力（表 7）。

表 7　饲用小黑麦饲喂肉羊血清抗氧化、免疫指标

项目	对照组	试验组
超氧化物歧化酶 SOD/（U/mL）	57.12±3.26[b]	70.11±7.14[a]
丙二醛 MDA/（nmol/mL）	4.07±0.39[a]	3.14±0.77[b]
过氧化氢酶 CAT/（U/mL）	37.04±4.64[a]	38.29±2.27[a]
二胺氧化酶 DAO/（U/L）	3.13±0.24[a]	2.43±0.40[b]
谷胱甘肽过氧化物酶 GSH-Px/（U/mL）	106.83±8.26[b]	144.67±12.26[a]
总抗氧化能力 T-AOC/（U/mL）	6.75±0.63[a]	7.48±0.97[a]
免疫球蛋白 A IgA/（g/L）	0.56±0.12[a]	0.67±0.18[a]

（续表）

项目	对照组	试验组
免疫球蛋白 G IgG/（g/L）	16. 10±2. 85[b]	19. 30±3. 01[a]
免疫球蛋白 M IgM/（g/L）	0. 93±0. 20[b]	1. 19±0. 19[a]
肿瘤坏死因子 α TNF/（pg/mL）	54. 83±3. 16[a]	43. 51±6. 79[b]
γ-干扰素 IFN-γ/（pg/mL）	38. 59±3. 06[a]	31. 57±3. 21[b]
白细胞介素-2 IL-2/（pg/mL）	346. 34±41. 55[a]	292. 80±24. 38[b]
白细胞介素-4 IL-4/（pg/mL）	6. 32±0. 52[b]	7. 43±0. 67[a]

注：同行数据肩标不同小写字母表示差异显著（$P<0.05$）。

免疫球蛋白 G（IgG）在机体的免疫反应中发挥作用，机体接触抗原物质后最早产生的免疫球蛋白 M（IgM）能激活抗体，免疫球蛋白 A（IgA）具有 IgG、IgM 的部分生物学功能，其水平的变化能反映机体免疫功能的状态。本试验中，与对照组相比，试验组的 IgG、IgM 含量高，表明饲用小黑麦干草有助于提高肉羊的抗菌、抗病毒、抗感染能力。白细胞介素-2（IL-2）和 γ-干扰素（IFN-γ）可由 Th1 型细胞分泌，作用于增殖 T 淋巴细胞、介导细胞免疫和炎症反应。肿瘤坏死因子 α（TNF）含量稳定有利于维持机体免疫功能，而 IL-2、IFN-γ 含量与机体免疫力呈现负相关。本试验中，对照组的 IL-2、IFN-γ 含量高于试验组，表明饲用小黑麦有助于机体免疫力的增强。综上所述，使用 10%饲用小黑麦干草替代部分粗饲料有助于肉羊免疫力的提高（表 7）。

3. 3. 4 总结与分析

饲用小黑麦干草富含蛋白质、脂肪、能量物质、维生素、矿物质等营养物质，具有改善动物生长性能的潜力。此外，饲用小黑麦与玉米、燕麦等复种，饲草种植由一年一茬变为一年两茬，能提高土地利用率，且产量高，是羊优质粗饲料的来源。本试验中，添加 10%饲用小黑麦干草能提高肉羊机体的抗氧化能力和免疫力，且对其生长性能无不良影响。

然而，饲用小黑麦的营养物质含量会因品种、收割时间、贮存方式等的不同而不同。因此，在将不同品种、不同生育时期收割的小黑麦饲喂给家畜时，应充分考虑其营养成分含量以及与其他饲料的混合比例等因素。后续研究可以进一步探究不同品种、不同收割时间、不同贮存方式下不同添加比例饲用小黑麦饲喂肉羊的效果，为精准指导小黑麦肉羊饲喂技术提供科学参数。

4 饲用小黑麦推广应用及示范

山西省农业重大技术协同推广计划牧草项目“饲用小黑麦饲喂牛羊技术示范”课题组聚焦饲用小黑麦饲喂肉牛、奶牛、肉羊关键核心技术，分别在山阴、平遥、阳曲开展技术示范，试验效果良好，示范作用显著。

奶牛饲用小黑麦干草替代燕麦干草的核心技术示范在山阴县子林奶牛养殖合作社进

行（图1、图2，附录彩图17、彩图18）。综合结果表明，按营养当量替代，每吨饲料成本降低约500元。示范奶牛500头，并辐射带动2 000头奶牛，同时组织培训相关技术人员50人次。饲用小黑麦育肥肉牛的技术集成在平遥县上五勤兴健养殖专业合作社实施。育肥肉牛日增重平均提高1.35%，其中在育肥期增重最高时，日增重提高达到8.45%，料重比改善2.75%。示范肉牛117头，以平遥县为中心，辐射带动周边县域肉牛500余头，组织培训相关技术人员70余人次。项目开展过程中联合其他项目，邀请

图1　推广示范单位子林养殖合作社新购的150 t小黑麦干草

图2　饲用小黑麦饲喂肉羊技术示范

了平陆畜牧局相关工作人员和顺县肉牛养殖户参观观摩，技术推广辐射至和顺县肉牛产业，辐射地育肥期肉牛增重最高达 3.27%。饲用小黑麦干草替代花生秧、玉米秸秆饲喂肉羊核心技术示范在山西桦桂农业科技有限公司开展，通过综合评估育肥湖羊的生产性能、血清生化、免疫和抗氧化指标，得出肉羊生产中饲用小黑麦的指导添加比例为10%。示范肉羊3 400人，辐射带动12 000只，组织培训相关技术人员 81 人次。

综上所述，饲用小黑麦饲喂奶牛、肉牛、肉羊可以提高畜产品的品质，提升畜产品的市场竞争力，促进畜产品销售与加工，推动畜牧业的发展，带动相关产业的发展，促进乡村经济的繁荣，具有较大的推广应用价值。

参考文献

陈永广，姜慧新，董博颖，等，2022. 小黑麦干草替代羊草对德州生长驴生产性能和血液指标的影响［J］. 草地学报，30（2）：440-445.

程景，张丹丹，李博，等，2020. 体外产气法和尼龙袋法评价北方 7 个品种小麦秸秆饲用价值及有效降解率模型预测［J］. 动物营养学报，32（9）：4462-4470.

刘洁，李伟，王武兵，等，2019. 不同牧草青贮对绵羊生长性能和消化代谢的影响［J］. 饲料研究，42（10）：18-21.

马淑梅，宋谦，张兰，等，2023. 不同比例饲用小黑麦青贮对平凉红牛肥育效果的影响［J］. 中国饲料（23）：132-137.

牛文静，2018. 全株小麦对荷斯坦公牛养分消化、瘤胃发酵及微生物的影响［D］. 北京：中国农业大学.

徐芳，张丹丹，孙锐锋，等，2019. 不同厌氧处理对小黑麦秸品质、体外模拟瘤胃发酵的影响［J］. 黑龙江畜牧兽医（19）：93-97.

杨杰，顾洪如，翟频，等，2007. 复合青贮剂对黑麦青贮品质的影响［J］. 江苏农业科学（5）：150-151，206.

张婵娟，贾志海，王润莲，等，2006. 小黑麦干草在肉羊日粮中适宜添加水平的研究［J］. 中国畜牧杂志，42（19）：38-40.

张晗，刘贵波，马亦珩，等，2022. 饲用小黑麦青贮对湖羊血浆指标、瘤胃形态及发酵参数的影响［J］. 动物营养学报，34（8）：5180-5189.

张玉洁，赵亥山，薛瑞林，等，2020. 小黑麦干草对羔羊生产性能及采食行为的影响［J］. 草业科学，37（2）：355-362.

张元庆，靳光，王栋才，等，2019. 体外产气法和尼龙袋法评价 5 种全株玉米青贮的饲用价值［J］. 动物营养学报，31（12）：5682-5687.

MURPHY J J，KENNELLY J J，1987. Effect of protein concentration and protein source on the degradability of dry matter and protein in situ［J］. Journal of Dairy Science，70（9）：1841-1849.

饲用大豆种质资源研究和新品种选育

赵晶云

（山西农业大学经济作物研究所）

摘要：饲用大豆是一类营养生长旺盛、蛋白含量高的大豆品种，以其茎、叶、荚等器官作为饲草。饲用大豆属于豆科大豆属的一年生人工栽培种，具高蛋白含量且生物产量高，是一种优质的豆科饲草。

关键词：饲用大豆；高蛋白；一年生

引言

近年来，中国大豆进口量高达1亿t左右，占消费总量的80%以上，主要用于饲用和油用需求。在食用方面，国产大豆能够保证自给，在饲用方面，中国严重依赖于进口。因此，大豆振兴的核心在于“提升大豆自给率”，更确切地说是“提升饲用大豆自给率”。这里的饲用大豆指的是用作饲用的籽粒大豆。

高蛋白饲料原料的高度依赖进口，促使我国必须提升自产饲草及饲料的数量与质量。因此，大力发展优质高蛋白饲草，对缓解我国进口大豆压力具有重大意义。

我国优良饲草品种缺乏，草种70%以上依赖进口，因此，我国需进一步强化饲草产业发展，大力推进资源研究利用、种质创新与新品种培育，变革饲草生产方式，补足产业链各环节技术短板，以实现我国优质饲草供应能力稳步提升，逐渐摆脱国外限制。

全株饲用的一年生大豆，兼具饲草生产与肥田功能，是粮草轮作、人工草地建植的重要高蛋白饲草。据研究测算，1亩优质高产全株饲用大豆提供的蛋白相当于3~4亩籽粒大豆。同时，在粮草轮作、禾豆间作模式下，饲用大豆能够改善土壤，减少化肥使用，具有良好的生态效益。

1 饲用大豆简介

1.1 定义

大豆（*Glycine max*）是我国及世界上主要栽培作物之一，种植大豆具有共生固氮的生态效应。大豆起源于中国，从野生大豆（*G. soja*）到农家品种或地方品种经历了

5 000年或更长时间的驯化过程，而现代栽培大豆（*G. max*）是近代以农家品种或地方品种为基础进行选育与系统改良而成。饲用大豆（feed soybean）是介于栽培大豆和野生大豆之间的一类营养生长旺盛，蛋白含量高，以茎、叶、荚等器官作为饲草的大豆品种。

1.2 生物学特点

饲用大豆生物学上归类为豆科大豆属，为一年生草本植物。

1.2.1 形态特征

饲用大豆有主茎；叶为三出复叶，通常具有三小叶；花紫色或白色，总状花序；荚果稍弯，下垂，黄绿色，密被棕色或灰色、褐黄色等茸毛；种子 1~5 颗，圆形、椭圆形、扁形或肾形，种皮颜色多样，包括黑色、黄色、青色、褐色等，有的还具有泥膜或雾膜。

1.2.2 生长环境和生长周期

饲用大豆是喜温作物，在温暖环境下生长良好。最适宜的气温范围为 20~30℃，在地温 12℃时正常发芽；生育期间以 15~25℃最适宜。大豆是喜光作物，对光照条件敏感，为短日照作物。

饲用大豆生长环境需要充足的阳光和水分，土壤疏松、排水良好；生长周期为 100~150 d，分为幼苗期、生长期、开花期、结荚期、鼓粒期和籽粒成熟期等几个阶段。

1.2.3 营养成分

饲用大豆是一种高蛋白、低脂肪的植物，含有丰富的维生素和植物化学物质，其全株蛋白质含量高达20%左右。

1.2.4 对人类和生态系统的影响

饲用大豆被广泛应用于动物饲料、食品产品、药品和工业生产等多个领域；在生态系统中，种植大豆可以促进土壤生态系统的恢复和发展，减少氮肥的使用量，从而减少对环境的污染。

1.2.5 历史和文化

大豆起源于黄土高原，在中国已有5 000年的种植历史。自春秋战国以来，在我国各个历史时期的农书和其他文献中，都不乏关于菽（大豆）的特征特性、栽培技术和应用价值的记述。战国末年秦国《吕氏春秋 · 审时篇》在谈到播种期时写道“得时之菽，长茎而短足，其荚二七以为族（簇），多枝数节，竞叶蕃实”，指出播种过早或过迟均可能造成减产。西汉的《氾胜之书》对大豆“区种”栽培技术作过详细的记载。后魏的《齐民要术》在论及大豆与地力的关系时，明确告诫说，“地过熟者，苗茂而实少”。以上数例表明，在距今1 500~2 200年前，古人对大豆的观察和认识已经相当深入，并用文字记载下来。

中国历史上，大豆一直可以饲用，饲用大豆在中国的栽培历史也有4 000多年。在《诗经》中就有相关记载。而欧美各国栽培大豆的历史很短，其大约在19世纪后期才从中国传入。

1.3 应用

大豆的应用主要有以下3种类型。

1.3.1 饲用型

有些大豆只适宜饲用，这类大豆籽粒小且具泥膜，籽粒产量低且营养含量较低，不适宜人类食用。但这类大豆生物产量高，全株蛋白含量高，可作为优质的高蛋白饲草，以野生、半野生型大豆居多。

1.3.2 饲粮兼用型

这类大豆籽粒已进化得无明显泥膜，籽粒既可食用也可作为动物饲料，有的品种可全株作为饲用。

1.3.3 粮用型

这类大豆籽粒饱满，蛋白和脂肪含量高，产量高，是一种高蛋白食物。

2 国际饲用大豆研究和育种情况

国际上也一直有将普通栽培大豆和野生大豆作饲用的传统。2003年，日本早稻田大学利用野生大豆与普通栽培大豆作为饲料进行了青贮试验；美国在20世纪80年代就有将栽培大豆作饲用大豆的试验，但国际上尚未有专有的饲用大豆品种，这方面的报道也很少。

3 我国饲用大豆研究和育种情况

3.1 选育历史和种植区域

在大豆的应用历史中，野生、半野生型大豆一直都被用作饲料，称为“料豆”，在我国东北就一直有料豆——秣食豆的应用及育种研究，但因秣食豆的生育特性，适宜种植区域较为狭窄，而未得到规模应用。近年来，山西省自主育成的半野生饲草大豆在山西省及同类生态区域生长良好，饲草产量高，优质易种，已进入山西省及同类生态区域的牧草产业。

3.2 自2000年后我国选育饲用大豆的品种概述

2000年以来，我国饲草产业飞速发展，东北的秣食豆作为传统的饲用大豆应用较为广泛。我国培育和应用于饲料生产上的茶秣食豆优良品种主要有‘1号秣食豆’、‘黑龙16号’、‘黑龙26号’、‘东农72-806’、‘东农74-236’、‘东农74-331’、‘集体5号’、‘丰收12号’、‘白农1号’、‘白农2号’、‘吉林3号’、‘吉林4号’、‘吉林8号’、‘吉林12号’、‘吉林13号’、‘吉林17号’、‘吉林18号’、‘吉林19号’等。

从国外引进的优良品种主要有‘青黄’（日本产）、‘金黄’（日本产）和澳大利亚的‘蒂纳鲁’（Tinarro）、‘库约’（Cooper）、‘马拉维’（Malawi）等。

“十三五”以来，山西省农业大学经济作物研究所开始着手进行饲草大豆育种工作，先后育成并审定了‘汾豆牧绿2号’、‘汾豆牧绿9号’两个高产、高蛋白饲用大豆品种。

3.2.1 汾豆牧绿2号

山西农业大学经济作物研究所选育。

特征特性：山西春播全生育期为145 d左右。株高2.8~4.7 m，分枝4~11个，紫花，灰毛，圆叶。植株蔓生，匍匐生长。种子百粒重7.3 g，黑色种皮，扁椭圆形，黑脐。

品质分析：据2016年农业部饲料效价与安全监督检验测试中心测定，其植株粗蛋白含量为27.33%、粗脂肪含量为8.2%、粗纤维含量为22.5%、钙元素含量为0.96%、磷元素含量为0.37%。

鲜草产量表现：2018年参加山西省牧草绿肥专用大豆扩区区域试验，在怀仁、朔州、原平、文水、新绛、永济6个试验点鲜草平均亩产为3 407.08 kg；2019年参与山西省牧草绿肥专用大豆扩区生产试验，在大同、朔州、文水、襄垣、永济5个试验点（干旱气候条件下），鲜草平均亩产为2 831.89 kg。

栽培技术要点：一般采用穴播，每穴2~4粒种子，行距30 cm左右，播种深度3~5 cm，最适播期为山西北部春播4月下旬至5月上旬，播量每亩2.5~3 kg；南部夏播6月上旬至6月下旬，播量每亩为3.5~4 kg；一般亩施磷酸二铵30 kg作底肥；生长期间注意防治大豆卷叶螟、蚜虫及红蜘蛛等虫害；鼓粒中后期为最佳刈割期，应及时收割。

适宜种植区域：适宜山西省全境作牧草和绿肥种植。

3.2.2 汾豆牧绿9号

审定编号：晋审豆2020007，山西农业大学经济作物研究所选育。品种来源为汾0612号×晋豆21。

特征特性：全生育期约145 d，生育120 d左右时是最佳刈割期。半野生型，主茎长265~485 cm，植株半缠绕，具有无限结荚习性，株形半张开，分枝数为6~12个。叶尖卵圆形，花为白色，茸毛棕色，粒型圆形，种皮黑色，脐色黑色，百粒重为

12.3 g。

品质分析：2020 年经农业农村部饲料效价与安全监督检验测试中心（北京）分析，粗蛋白质（鼓粒期全株干基）含量为 21.87%。

鲜草产量表现：2018 年参加山西省牧草绿肥大豆区域试验，6 个试验点鲜草平均亩产为3 598.69 kg；2019 年参加山西省牧草绿肥大豆生产试验，5 个试验点鲜草平均亩产为2 988.90 kg。

栽培技术要点：播前亩施农家肥 1 m^3，磷酸二铵 30 kg，浇足底水；山西北部春播区于 4 月下旬或 5 月上旬播种，南部夏播区于 6 月上、中旬播种；播种量北部每亩 3 kg，南部每亩 4 kg；南部亩留苗密度春播为15 000~20 000株，夏播为18 000~25 000株；穴播或撒播，每穴 2~3 粒，等行距播种，行距 25~35 cm，播种深度 3~5 cm；注意防治大豆蚜虫、红蜘蛛、卷叶螟等。

适宜区域：适宜在山西省各牧草绿肥种植区种植。

4 机遇与挑战

饲用大豆因其不直接用于人类食用，所以具有基因编辑、转基因育种的天然优势。

4.1 基因组学

自大豆基因组在 *Nature* 杂志上发表以来，研究人员基于对大量品种资源的基因组重测序，运用比较基因组学等技术手段，揭示了进化与驯化过程中基因组的变异与进化规律；同时，在大豆重要农艺性状的基因克隆及基因功能解析等方面也取得了一系列重要进展。

4.1.1 大豆基因组测序及进化

大豆首个完成基因组测序的品种为美国栽培品种 Williams 82，其基因组大小约为 1.1 Gb。最新版本的基因注释文件中包括56 044个基因、88 647个预测转录本。大豆的近缘祖先为野生大豆，现代栽培大豆能与野生大豆经自然或人工杂交形成有正常繁殖能力的后代，因此目前普遍认为栽培大豆与野生大豆在分类学上同属于 *Glycine max*，所以其后代半野生大豆也公认属于 *Glycine max*。2010 年，野生大豆基因组序列公布。有学者通过比较基因组学提出野生大豆与栽培大豆的分化始于 0.27 百万年前，早于人类有记载的驯化历史。中国农业科学院作物科学研究所邱丽娟研究团队选择了 7 份代表性野生大豆进行测序与独立 denovo 组装构建了大豆泛基因组。研究结果表明，野生大豆中约 48.6%为核心基因，另 51.4%的非核心基因主要与野生大豆抗/耐生物和非生物逆境相关，决定着野生大豆的广适性。香港中文大学林汉明研究团队通过对 31 个野生大豆和栽培大豆全基因组进行低倍重测序，共发现了205 614个单核苷酸多态性（single nucleotide polymorphism，SNP）标签，建立了高密度的分子标记图谱。美国密苏里州立大学 Nguyen 研究团队与我国华大基因合作，对 106 份野生大豆、农家品种与栽培品种材料进行了基因组重测序，发现了近1 000万个 SNP，其中 35.34%为首次报道。由于所选择的资源材料、测序深度与分析技术、参数等不尽相同，不同研究所得出的与驯化或品种改良相关的研究结论间存在细微差别。但综合来看，不同研究结果均在不同程度上表现出从野生大豆至栽培大豆的驯化过程中基因组层面的变化与进化规律。

4.1.2 大豆重要农艺性状的基因克隆

早在20世纪20年代，人们就观察到一年中分期播种的大豆品种近乎同时开花，发现了植物光周期现象。传统遗传学研究发现并定位了E1～E9与J等多个与大豆光周期反应及生育期相关的QTL位点。

2010年，控制大豆生长的主要基因位点*Dt1*已被成功破译，遗传学研究表明，大豆生长习性受*Dt2*基因控制，*Dt2/Dt1*基因型组合可形成亚有限生长习性，控制生长习性的*Dt2*基因于2014年得以克隆。

2014年日本学者通过图位克隆明确了与裂荚相关QTL位点的功能基因为转录dirigent类的家族基因，该基因与木质素合成相关。

叶形一般分为宽叶与窄叶，由1个*JAG*（*JAGGED*）基因控制。大豆中控制宽叶与窄叶的基因为*Gm-jag1*（*ln*），该基因能部分恢复拟南芥锯齿状（jagged）突变体的表型。在大豆中*ln*基因多效地调控大豆每荚粒数（4粒荚数量）。

经过科学家多年努力，多个大豆重要性状相关基因克隆研究取得了重要突破，但是对许多重要基因的研究还不够全面与系统。笔者相信，综合运用基因组学及系统生物学等最新的技术手段，大豆高产、稳产、优质和高效等重要农艺（经济）性状的主要QTL基因可得到解析，基因网络及分子模块间的耦合规律也终会明确。经过长期的努力，通过“分子模块导航育种”可培育出高产优质的新品种。

4.2 饲用大豆生产应用前景

4.2.1 饲用大豆研究意义重大

我国作为世界第二人口大国，以世界7%的土地养活着世界22%的人口，粮食资源紧张。我国畜牧产业的饲料资源短缺问题严重，特别是豆粕、鱼粉等优质蛋白质资源严重短缺，优质蛋白饲料高度依赖进口。随着经济的发展，我国居民对牛羊肉和奶类的需求持续快速增长，但国内生产发展相对滞后，造成这一局面的重要原因之一就是饲草特别是优质饲草供给不足。优质牧草市场需求与日俱增，高蛋白的畜产品质量与优质饲料的使用直接挂钩。众所周知，我国是世界第一大豆进口大国。目前中国进口的大豆几乎全部用于压榨加工，约20%的加工产品为豆油，80%的加工产品为豆粕，豆粕则成为动物饲料的主要部分。我国对大豆的需求更可以说成是对高蛋白饲料的需求，缺口巨大。我国畜牧业发展正持续快速增长，优质安全的高蛋白饲料资源的需求缺口日益扩大，粮食与饲料相争的矛盾日渐突出。

优质饲草产业的发展成为缓解矛盾的关键。豆科牧草是我国几千年来一直利用的优质牧草，但能高效利用且能成熟应用的仅苜蓿一个物种。近年来，高蛋白的饲用大豆逐渐进入人们的视野，研究和探索实践表明，饲用大豆粗蛋白含量高达20%左右，营养与苜蓿相媲美，是一种优质的高蛋白粗饲料。

饲用大豆为一年生半野生型豆科饲草，生物产量高，蛋白含量高，耐寒耐旱耐瘠薄，种植简易，营养与苜蓿相媲美，但非宿根，当年种，当年收，与青贮玉米是最佳间作搭配。饲用大豆粗蛋白含量高达20%左右，亩产干草1 t左右，是优质的粗饲料，理论上可亩产蛋白200 kg，比我国亩产200 kg、粗蛋白80 kg栽培大豆提供更多的饲料蛋白，饲用价值优于籽粒大豆，能大量减少牛羊养殖精饲料用量，可望在畜牧业生产中发挥独特作用，缓解我国的大豆进口危机。

饲用大豆本身特有的固氮作用可节约肥料，又较苜蓿种植灵活。半野生型的饲用大豆既具有栽培大豆的高营养特性，也兼具野生大豆的耐逆性，适应于干旱半干旱气候及盐碱地等逆境。但饲用大豆因其短光照特性，种植地域性较强，广适应品种短缺，所以其应用受限。

目前饲用大豆大规模推广种植应用不多，主要与青贮玉米间作，依附青贮玉米基本形成产业链。山西省畜牧业的发展需要大量优质的牧草，有巨大的市场需求。牧草大豆因种植简单灵活，营养价值高，产草量大，市场前景十分广阔。

4.2.2 盐碱地的开发与利用

盐碱地是指土壤里面所含的盐分影响到作物的正常生长，对作物生长造成不利影响的土地。在全球范围内，盐碱地广泛分布于干旱、半干旱地区以及沿海地区，特别是在内陆河流域和滨海地带尤为常见。我国作为世界上人口众多、耕地面积相对较少的国家，盐碱地的存在与利用问题尤为突出。我国盐碱地面积为9 913万 hm^2，主要分布在东北平原、黄淮海平原、长江中下游平原以及沿海地区，其中尤以东北和华北地区最为集中。

盐碱地从多个方面影响农业生产。一是降低土壤肥力，盐分和碱性物质的存在会抑制土壤微生物活动，降低土壤有机质分解和养分转化效率。二是影响作物生长，高盐环境会抑制作物对水分和养分的吸收，导致作物生长迟缓、产量下降。三是破坏土壤结构，盐分在土壤中的积累会破坏土壤团粒结构，降低土壤通透性和保水保肥能力。

我国耕地面积有限，在保障粮食生产安全的前提下，没有足够的土地可供种植饲草，因此，在农作物生长不良的盐碱地种植饲草成为一条可行的途径。相对于农作物，饲草具有更强的耐盐碱能力，在我国北方地区，利用盐碱地发展饲草产业，进而带动畜牧业的发展，愈加受到国家的重视。

饲用大豆是一年生豆科植物，单位面积产草量大、蛋白含量高，兼具绿肥与饲草生产功能，具有一定的抗盐碱能力。据多年种植经验，‘汾豆牧绿2号’及‘汾豆牧绿9号’具有较好的耐盐特性。随着我国作物育种技术的发展，通过耐盐作物饲用大豆品种的种植，一方面可以充分利用盐碱地资源，另一方面通过植物-土壤互作过程可以有效改善盐碱地土壤生态环境。在我国盐碱地上推广饲用大豆栽培利用模式，不仅可以改善土壤有机质、增强其保水保肥能力，还能提高盐碱地生产潜力。同时为我国生态草牧业发展提供饲草物质基础。

4.2.3 秋闲田利用，一年两作/两年三熟种植模式

秋闲田是指夏季主要作物收获后到秋季，一段时间内未被利用或仅被轻度利用的土地。在我国这样一个农业大国，秋闲田的有效利用对于提高土地生产率、促进农业可持续发展和增加农民收入具有重要意义。随着农业技术的不断进步和农业结构的调整，秋闲田的面积和分布也发生了变化。目前，秋闲田主要分布在小麦主产区，这些地区由于种植制度的特点，夏季作物收获后会出现一段时间的土地空闲期。

秋闲田的有效利用具有多方面的意义。首先，它可以增加农民收入。通过种植短期作物、绿肥作物或进行土地整治，农民可以在空闲期获得额外的收入。其次，秋闲田利用可以改善土壤结构，增加土壤肥力，为下一季作物的生长创造良好条件。最后，秋闲田利用还可以减少土地资源的浪费，提高土地利用效率，促进农业可持续发展。

秋闲田利用的主要方式包括种植短期作物、绿肥作物等。在秋闲田种植一些生长周期短、产量高、兼具肥田功能的豆科牧草，既不影响下一茬作物的播种，又能增加收入，为土地提供养分，改善土壤结构。麦后秋闲田复播饲用大豆是一种有效的利用方式，饲用大豆刈割期在 100 d 左右，在生产周期上符合秋闲田的开发利用要求。另外，当前我国北方地区麦后复播玉米较为常见，但是小麦—玉米一年两作模式的连年种植容易造成土壤病原菌积累及关键营养成分缺乏，造成连作障碍。通过引入麦后复播饲用大豆种植模式，可以有效改善土壤微生物结构，提升土壤养分含量，防止连作障碍的发生。

参考文献

方精云，2018. 迎接草牧业成为我国现代农业半壁江山的时代 [J]. 科学通报，63 (17)：1615-1618.

盖钧镒，2015. 中国大豆育成品种系谱与种质基础 [M]. 北京：中国农业出版社.

高树琴，王竑晟，段瑞，等 .2020. 关于加大在中低产田发展草牧业的思考 [J]. 中国科学院院刊，35 (2)：166-173.

林汉明，2009. 中国大豆耐逆研究 [M]. 北京：中国农业出版社.

夏正俊，2013. 大豆光周期反应与生育期基因研究进展 [J]. 作物学报，39 (4)：1-9.

夏正俊，2017，大豆基因组解析与重要农艺性状基因克隆研究进展 [J]. 植物学报，52 (2)：149-158.

薛勇彪，2015. 开启中国设计育种新篇章："分子模块设计育种创新体系"战略性先导科技专项进展大豆光周期反应与生育期基因研究进展 [J]. 中国科学院院刊，30 (3)：393-402.

FUNATSUKI H，2014. Molecular basis of a shattering resistance boosting global dissemination of soybean [J]. Proceedings of the National Academy of Sciences of the United States of America，111 (50)：17797-17802.

KIM M Y, 2010. Whole-genome sequencing and intensive analysis of the undomesticated soybean (*Glycine soja* Sieb. and Zucc.) genome [J]. Proceedings of the National Academy of Sciences of the United States of America, 107 (51): 22032-22037.

LAM H M, 2010. Resequencing of 31 wild and cultivated soybean genomes identifies patterns of genetic diversity and selection [J]. Nature Genetics, 42 (12): 1053-1059.

LI Y H, 2014. De novo assembly of soybean wild relatives for pan-genome analysis of diversity and agronomic traits [J]. Nature Biotechnology, 32 (10): 1045-1052.

LIEW L C, 2014. Unique and conserved features of floral evocation in legumes [J]. Journal of Integrative Plant Biology, 56 (8): 714-728.

LIU B H, 2010. The soybean stem growth habit gene *Dt1* is an ortholog of Arabidopsis TERMINAL FLOWER1 [J]. Plant Physiology, 153 (1): 198-210.

ROBERT M, 2013. Insights from the soybean (*Glycine max* and *Glycine soja*) genome [J]. Advances in Agronomy, 118: 177-204.

SCHMUTZ J, 2010. Genome sequence of the palaeopolyploid soybean [J]. Nature, 463 (7278): 178-183.

SHEN Y, 2014. Global dissection of alternative splicing in paleopolyploid soybean [J]. Plant Cell, 26 (3): 996-1008.

TIAN Z X, 2010. Artificial selection for determinate growth habit in soybean [J]. Proceedings of the National Academy of Sciences of the United States of America, 107 (19): 8563-8568.

VALLIYODAN B, 2016. Landscape of genomic diversity and trait discovery in soybean [J]. Scientific Reports, 6: 23598.

WANG J, 2016. Development and application of a novel genome-wide SNP array reveals domestication history in soybean [J]. Scientific Reports, 6 (1): 20728.

WATANABE S, 2011. A map-based cloning strategy employing a residual heterozygous line reveals that the GIGANTEA gene is involved in soybean maturity and flowering [J]. Genetics, 188 (2): 395-407.

黄花菜茎叶饲草资源化利用技术研究进展及发展建议

郑敏娜[1]　武志军[2]　康佳惠[1]

（1. 山西农业大学高寒区作物研究所；2. 大同市现代农业发展中心）

摘要：积极寻找和开发非常规饲料资源，对于缓解饲料短缺、保障畜牧业的稳定发展具有紧迫性和重要性。山西省牧草产业技术体系团队在山西省黄花菜产业主产区内通过深入调研发现，黄花菜茎叶作为黄花收获后剩余的部分，其生物产量较高，具备饲草化利用的特点。而山西省内乃至国内关于黄花菜饲草化利用的研究尚属空白。因此，为针对区域经济发展特色，延长产业链条，充分开发黄花菜的经济效益，山西省牧草产业技术体系团队在山西省内首次提出了将黄花副产品（茎叶）进行饲草化利用的概念，以期拓展本区域可利用的饲草资源种类和来源。

关键词：黄花菜茎叶；饲草化利用；混合青贮；产业链；经济效益

引言

发展以草食性畜为主的节粮型畜牧业，对于促进现代复合农业-畜牧业的整体进步具有重要意义。近年来，由于国家农业战略调整和市场供需关系的快速变化，我国优质牧草资源的短缺问题日益凸显。传统的粗饲料资源自给自足的局面已经无法满足当地畜牧业的持续增长需求，饲料短缺已成为制约区域畜牧产业进一步发展的关键因素。因此，积极寻找和开发非常规饲料资源，对于缓解饲料短缺、保障畜牧业的稳定发展具有紧迫性和重要性。

黄花菜（*Hemerocallis citrina* Baroni）为萱草属多年生草本植物，目前，全国种植面积近 7 万 hm^2，其中，黄河流域面积将近 6 万 hm^2，占全国种植面积的 80% 以上。黄花菜产业已经成为山西北部地区的主导产业和农民脱贫致富的支柱产业，促进了区域经济的发展。但大面积的黄花菜种植产生了大量茎叶，未能被合理高效地利用，若将这类资源通过科技创新进行开发利用，不仅可以拓宽饲料来源，提高饲料的多样性和营养价值，还有助于促进农业生态系统的平衡和可持续发展。

自 2022 年以来，山西省牧草产业技术体系团队在山西省黄花菜产业主产区内通过深入调研发现，黄花菜茎叶作为黄花收获后剩余的部分，生物产量较高，具备饲草化利用的特点，而省内乃至国内关于黄花饲草化利用的研究尚属空白。因此，为针对区域经济发展特色，延长产业链条，充分开发黄花菜的经济效益，山西省牧草产业技术体系团队在山西省内首次提出了将黄花菜副产品（茎叶）进行饲草化利用的概念，以期拓展本区域可利用的饲草资源种类和来源。

1 黄花菜的生物学特性

1.1 形态特征

黄花菜（*Hemerocallis citrina*）为萱草属多年生草本植物，又名金针菜、忘忧草等，属百合科（Liliaceae）萱草属（*Hemerocallis*）多年生草本植物。一般生长15~30年，最长可达50年以上。一生经历幼苗期、幼株期、成株期和衰老期。种植后1~2年植株分蘖少，较少开花；3~4年后植株始收花蕾，之后进入盛产期，可连续采收7~8年。采收10年后，因分蘖多、节位升高、根系分布浅，植株逐渐进入衰老期，花蕾减少，采收期缩短，产量降低，需再次分株更新。黄花菜分蘖性强，根系发达，对环境的适应性强，有较强的耐旱、耐瘠、耐盐碱能力。

中国黄花菜品种繁多，各个地区在长期的选择中形成了适合当地条件的地方品种，因此，植物学性状有很大差异。

以大同黄花菜植物学性状为例。

大同黄花菜根系发达，多分布在20~50 cm土层，最深可达130~170 cm。须根系着生在根状茎的茎节上，有肉质根和纤细根2种。肉质根又分为条状和块状2种，条状肉质根呈圆柱形，数量多、分布广，能够吸收和贮藏水分和养分；块状肉质根呈纺锤形，粗短肥大，较老植株发生多，具有贮藏养分的功能。纤细根着生在肉质根先端，细长而分枝多，经2~3年后衰老变黑，不断为新生纤细根所代替，能够吸收水分和养分。短缩茎每年分蘖生长呈分叉形的根状茎，其长短与土层厚度、肥力高低、管理水平有关。

大同黄花菜植株直立，茎缩短，叶片绿色、对生，狭长呈带形，长70~100 cm，宽1.5~2.8 cm，叶背面主脉凸起，一般每株15~20片叶，成丛状。叶鞘抱合成椭圆形的假茎，每片叶的叶腋都有腋芽。每一假茎及其叶丛构成1片，即短缩茎上的一个蘖株。花葶从根状茎的顶端叶丛中间抽出，长100~125 cm，每个花葶上部分生4~6个一级花枝，每个一级花枝又分生2个二级花枝，每个二级花枝着生花蕾3~6个，构成聚伞花序，每个花葶共着生花蕾30~50个，健壮植株甚至能达到60个以上。花梗较短，长0.2~0.5 cm，花被管长3~4 cm。花蕾小棒槌形，淡黄色或黄绿色，顶端带黑紫色，长12~15 cm、粗0.8~1.3 cm，单蕾鲜重3.5~5.5 g，花蕾表面有蜜腺，易招引害虫。花被片6片，淡黄色，内3片长10~12 cm，宽2.0~2.5 cm，外3片长9~12 cm，宽1.2~1.6 cm。花夜晚开放，有柠檬香味，雄蕊6枚，雌蕊1枚。果实为蒴果，呈钝三棱状椭圆形或倒卵形，表面具皱纹，长2~3 cm，果实生长初期为绿色，成熟后呈黑褐色。每个果实内有10~30粒种子，种子黑色、有光泽、呈三棱形。从开花到种子成熟需40~

60 d。种子坚硬，吸水力弱，种皮有光泽，表面凹凸不平，千粒重25~40 g。种子无休眠期，成熟后即有发芽力。

1.2 生长环境与分布

《中国植物志》记载，黄花菜产于秦岭以南各省区（包括甘肃和陕西的南部，不包括云南）以及河北、山西和山东。生于海拔2 000 m以下的山坡、山谷、荒地或林缘。

目前，中国黄花菜种植面积较大，栽培范围较广阔，主要分布在湖南、陕西、江苏、甘肃、安徽、浙江、四川、河南、山西、云南、福建和台湾等省份，是黄花菜种质资源最丰富的国家。截至2024年，全国黄花菜共有五大产区，分别是甘肃省庆阳市、湖南省衡阳市、宁夏回族自治区吴忠市、山西省大同市和陕西省大荔县。全国黄花菜主要种植区域面积总计达到100余万亩，其中，山西大同市黄花菜产业规模发展迅速，种植面积达到了26万亩，约占全国种植面积的24.8%。大同市属温带半干旱气候，日照充足，昼夜温差大，火山喷发形成的富锌富硒土壤条件，特别适宜黄花菜生长。

近年来，山西大同市委市政府先后出台了一系列政策和措施鼓励和扶持黄花菜产业发展。大同市黄花菜的种植面积达到26万亩，仅云州区黄花菜种植面积达到18.4万亩，覆盖全区10个乡镇，形成了1个2万亩片区乡镇、9个1万亩片区乡镇、109个黄花种植专业村、95个黄花专业合作社，形成了龙头企业+合作社+基地+农户的发展模式，“一区一业”发展格局基本成型，为持续巩固拓展脱贫攻坚成果、调整产业结构、建设美丽乡村、全面实现小康奠定了坚实的产业基础。

1.3 繁殖与生长特点

黄花菜的繁殖方式一般有种子繁殖、分芽繁殖、分株繁殖、切片育苗繁殖、扦插繁殖等。几种繁殖方式的优缺点如下。

分株繁殖是传统的繁殖方法，优点是生长快，第2年即可投产，第3、第4年进入盛产期；缺点是繁殖系数低、生活力不强、易带病虫害。

种子繁殖的优点是可集中大量地培育优良种苗，迅速扩大栽植面积；缺点是要第二年才能定植，第5、第6年才能进入盛产期。同时由于黄花菜基因型杂合，且属于异花授粉植物，无论是进行人工自交或异交，后代的基因型都会发生很大变化，难以维持品种的优良性状。许多栽培品种由于长期采摘花蕾，以根状茎进行营养繁殖，其有性生殖作用得不到很好的发挥。且黄花菜存在一定的败育现象，繁殖系数更低。传统的繁殖方法在大面积推广黄花菜优良品种方面存在很大限制。

分芽繁殖的优点是可较分株繁殖提高繁殖系数12倍左右，缺点是操作要求太精细。

组织培养方式的优点是既能保持品种的优良性状，又能达到快速繁殖的效果，为引种、实现工厂化育苗、扩大黄花菜的种植规模打下基础；缺点是操作过程精细且容易发生污染，与其他繁殖方式相比繁殖成本比较高。

2 黄花菜茎叶饲草资源化利用技术

2.1 种植技术

2.1.1 技术流程

选地整地→选用优良品种→因地选用繁殖方式适时栽植→田间管理→茎叶收获。

2.1.2 操作要点

2.1.2.1 选地整地

黄花菜根系发达，耐贫瘠，对土壤条件要求不严格，在砂壤土、黏壤土上均能正常生长。以中性土壤种植最佳。虽然黄花菜对土壤条件要求不高，但由于其喜温喜光、喜湿润、畏酸碱、怕黏渍，在栽植前宜选择土层疏松深厚、肥沃、保水保肥能力强、排灌方便的平地和坡度小于15°的缓坡地，栽培区域应相对集中连片、无环境污染、交通便利。黄花菜一次定植可持续生长15年以上，因此定植前不论是坡地还是平地都要深翻整地并施足基肥。

2.1.2.2 选用优良品种

优良品种是实现黄花菜高产、优质的重要保证，应选择抗旱、抗寒、抗病、高产、蕾大、分蘖快、耐储存、晒干率高、品质好、叶量丰富的品种。为解决黄花菜采收期集中、用工紧缺、雨水多等问题，需要选择适合当地种植的早、中、晚熟品种进行搭配。大同地区以大同黄花菜为主要栽培品种。

2.1.2.3 因地选用繁殖方式适时栽植

黄花菜在一年中任何季节栽植都能成活，最适宜的栽植季节为秋栽和春栽。黄花菜采摘完毕后到秋苗萌发前的时期为秋栽，秋栽时间以9月下旬到10月中旬为宜，这一时期正是黄花菜根系生长的高峰期，植株根群量大量增加，吸收根数量增多，吸收大量营养，促进叶芽的分化，为来年分生出新的植株打好基础。春栽时间以3月中下旬至4月下旬为宜，此时移栽的苗经过秋季发苗长根阶段，不仅肥大了植株本身，还进行了叶芽分化，形成了新的个体，地下部分根群也贮藏了大量营养物质，春栽一般在4月中下旬至5月初。

2.1.2.4 田间管理

主要包括中耕除草、科学施肥、秋苗管理、合理灌溉、病虫害防治等。

早春大地解冻后，春苗刚露出地面时开始松土除草，结合浇水施肥，多择行定植法多次进行中耕，保持土壤疏松无杂草。中耕深度约10 cm，除草时锄头不可距离幼苗过近。

科学施肥和灌溉是黄花菜田间管理中的重要环节。依据生育时期，结合灌溉依次追施苗肥、薹肥、蕾肥、冬肥等。苗肥是黄花菜出苗到花薹抽生前的这一时期（苗期）施用的肥料。主要用于出苗、长叶，春苗肥一般可用速效性的氮、磷、钾肥配合施用。薹肥一般应在花薹开始分化时和花薹开始抽出时各施 1 次，以施速效化肥为主，也可施用有机肥。蕾肥的施用时间以开始采摘 10 d 后为准，在即将进入盛采期前进行施肥为宜。施冬肥的时间，应在黄花菜地上部分停止生长，经霜后凋萎时进行，冬肥要求以有机肥料为主，用量要多。

2.1.2.5　茎叶收获

以大同地区的大同黄花菜为例，大同黄花菜 7 月上旬至 8 月上旬为采后枯叶期，8 月上旬至秋季除霜前为秋叶展叶期。在秋季展叶期，原则上不能立即拔薹割叶，应加强管理，促进冬芽发育，以确保第 2 年的高产。因此，经试验验证，大同地区茎叶的利用收获时期以 9 月上旬至中旬为宜。

2.2　茎叶采收与加工技术

2.2.1　茎叶收获和利用方式

目前，大同地区黄花菜茎叶利用多采用人工刈割的方式，于 9 月上旬至 9 月中旬进行混合青贮，刈割留茬高度约 10 cm。

2.2.2　茎叶收获和利用方式的优化与提升

2.2.2.1　茎叶采收技术的优化

（1）机械化采收。引入适用于黄花茎叶的机械化采收设备，提高采收效率，降低人力成本。同时，研发适用于不同地形和气候条件的采收机械，以确保在各种环境下都能有效采收。

（2）标准化采收流程。制定统一的采收标准和流程，确保茎叶的品质和营养成分的稳定。在采收过程中，注意保护黄花菜植株，避免对植株造成破坏。

（3）采收时间控制。合理安排采收时间，在不影响黄花菜生长与采摘的前提下，选择茎叶生长旺盛、营养成分丰富的时期进行采收，以提高饲草的质量和利用价值。

2.2.2.2　茎叶加工技术的提升

（1）加工设备研发。针对黄花茎叶的特性，研发专用的加工设备和技术，以确保在加工过程中最大限度地保留茎叶的营养成分和口感。

（2）加工工艺优化。优化加工工艺，提高饲草的加工效率和品质。例如，采用低温干燥技术，减少营养成分的损失；采用粉碎和混合技术，提高饲草的适口性和营养价值。

（3）质量控制与检测。建立严格的质量控制体系，对加工过程中的每一个环节进行监控和检测。通过检测饲草的营养成分、卫生指标等，确保饲草的安全性和有效性。

综上所述，通过优化采收技术、提升加工技术创新，不断提升黄花茎叶饲草资源化利用的技术水平和经济效益，有效解决黄花茎叶饲草资源化利用中茎叶采收与加工技术存在的问题，推动饲草资源化利用的健康发展。

2.3　黄花菜茎叶与青贮玉米（苜蓿）混合青贮技术

2022—2023 年，山西省牧草产业技术体系团队研发和推广了黄花菜茎叶与青贮玉米（或苜蓿）混合青贮技术。

2.3.1 技术流程

贮前准备→原料刈割→水分控制→切碎→晾晒→混合→乳酸菌剂添加→裹包→存放→取用。

2.3.2 操作要点

（1）贮前准备。根据混合青贮量购置所需的拉伸膜、成型网或绳、添加剂等青贮材料。完成存放地的规划和整备，选择地势较高的地方，平整地面，清理地面石块等硬物；根据作业量和作业时限确定设备数量，完成所需机械设备、运输车辆的调试、检修与保养，并配备必要的配件和充足的动力油料等。

（2）原料刈割。全株玉米的收获宜采用青贮联合收割机或青饲料揉切机，在玉米乳熟中期至蜡熟期间进行，收获包括果穗在内的地上部植株，植株的感官及品质应满足GB/T 25882—2010中规定的三级以上要求，刈割留茬高度约为15 cm。苜蓿应在开花期进行刈割。黄花菜茎叶在9月上旬至9月中旬刈割，刈割留茬高度约为10 cm。

（3）青贮水分。玉米（苜蓿）、黄花菜茎叶的含水量以60%~70%为宜。

（4）切碎。玉米原料的切碎长度应为0.6~2 cm，并进行揉搓、滚压，使籽粒破碎程度达到四等分以上，且比例达到95%以上。黄花菜茎叶原料的切碎长度应为2~3 cm，并用揉丝机进行揉丝处理。

（5）晾晒与混合。选择干净平整的地面晾晒，晾晒后的合理含水量应为用力握紧原料时，手指缝露出水珠而不滴水。晾晒合格后，将全株玉米（苜蓿）和黄花菜茎叶按质量比80∶20或60∶40的比例备好，用喷雾器喷洒青贮添加剂并混合均匀。

（6）乳酸菌添加剂的使用。选择符合NY/T 1444—2007要求的乳酸菌添加剂。根据添加剂使用说明，在混合过程中添加乳酸菌添加剂。

（7）裹包与存放。裹包青贮作业采用捡拾、切碎、打捆、裹膜一体机完成，或采用裹膜机配合捡拾打捆机完成。裹包膜层数应达到4层以上。裹包后的草捆可堆垛存放，根据草捆重量调节堆垛层数，大型草捆不超过2层，小型草捆不超过3层。

（8）取用。发酵45 d以上即可取用。取出的料必须在当天用完，防止二次发酵变质。

2.3.3 黄花菜茎叶与其他饲草混合青贮营养品质比较

2.3.3.1 黄花菜茎叶与青贮玉米不同混合比例青贮营养品质比较

1. 试验设计

试验设6个处理，黄花菜茎叶与青贮玉米按质量比10∶0（HY0）、8∶2（HY1）、6∶4（HY2）、4∶6（HY3）、2∶8（HY4）、0∶10（HY5）进行混合青贮，将材料铡成1~2 cm的长度，调整水分含量为65%左右，以15~20 kg为单位装入青贮塑料袋中，密封。每个处理设3个重复，分别添加等量的乳酸菌和糖蜜，发酵70d后测定混合青贮的发酵品质、安全系数、营养物质含量。

2. 黄花菜茎叶与青贮玉米不同混合比例的 pH 值变化情况

青贮饲料的乳酸发酵良好时，pH 值较低；若发生不良发酵，则 pH 值会升高。多项试验结果证实，青贮玉米的适宜 pH 值在 3.8~4.5，酸度过高会导致饲料变质，酸度过低则会影响饲料的口感和消化吸收。本试验结果表明，各处理样品的 pH 值分布在 4.12~4.54，其中，HY2 和 HY3 的 pH 值分别为 4.17 和 4.12，与 HY5 全株玉米的 pH 值接近，较适宜动物食用（图 1）。

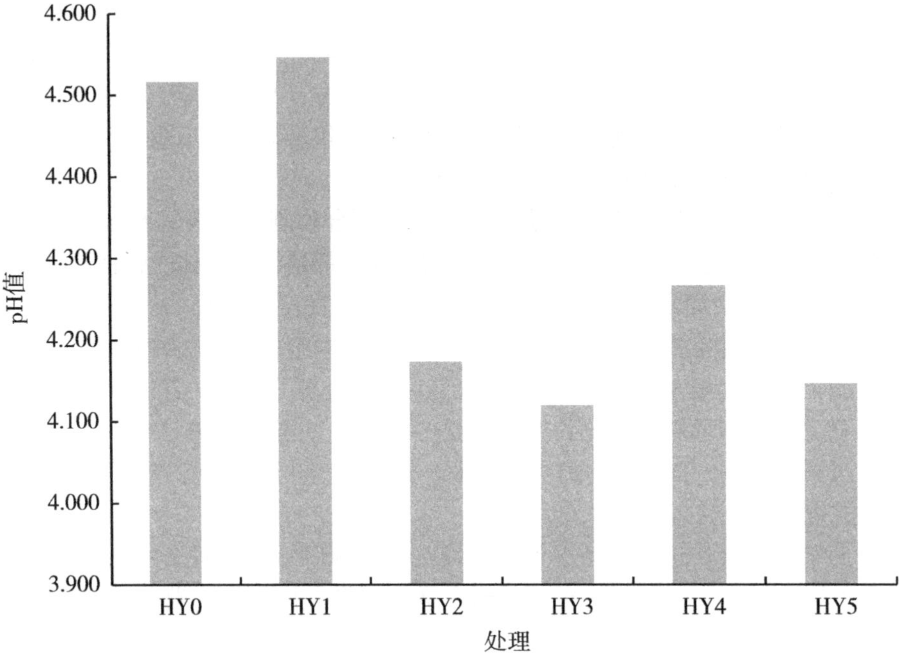

图 1　黄花菜茎叶与青贮玉米混合青贮 pH 值的情况

3. 黄花菜茎叶与青贮玉米不同混合比例的粗灰分、粗脂肪、粗蛋白变化情况

粗灰分主要反映样品中矿质的总体含量，大部分是磷、钙、钾的氧化物，可间接反映不同样品对可利用矿质元素的吸收情况。试验结果显示，HY0、HY1 和 HY2 的粗灰分含量最高，分别为 0.072 、0.069 和 0.056（图 2）。

粗蛋白含量的高低直接关系到青贮样品的营养价值，粗蛋白含量的变化可反映青贮样品在制作过程中养分的损失情况，本试验中各水平的粗蛋白质含量差异不显著。

粗脂肪含有芳香气味，是评价样品适口性的重要指标。试验结果显示，HY2 的粗脂肪含量最高，为 0.281。

4. 黄花菜茎叶与青贮玉米不同混合比例的纤维含量和木质素含量比较

酸性洗涤纤维（ADF）、中性洗涤纤维（NDF）是评价样品被采食潜力和消化率的国际通用指标，其值越高，说明其越难被草食动物消化吸收。在本研究中，各处理样品的 NDF 含量变化趋势与 ADF 变化趋势基本一致，在 HY3 中含量最低。酸性洗涤木质素和粗纤维表现出相同的变化趋势，在 HY3 和 HY5 的含量最低（图 3）。

5. 黄花菜茎叶与青贮玉米不同混合比例的铵态氮含量比较

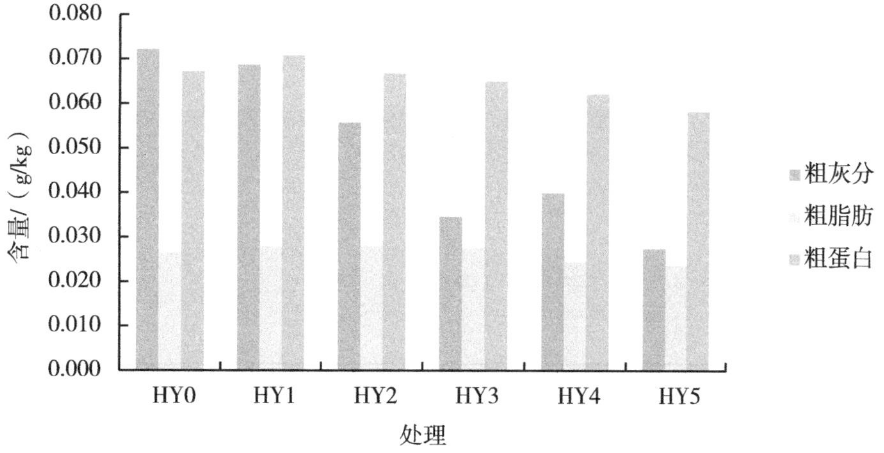

图 2　黄花菜茎叶与青贮玉米混合青贮粗灰分、粗脂肪、粗蛋白的变化情况

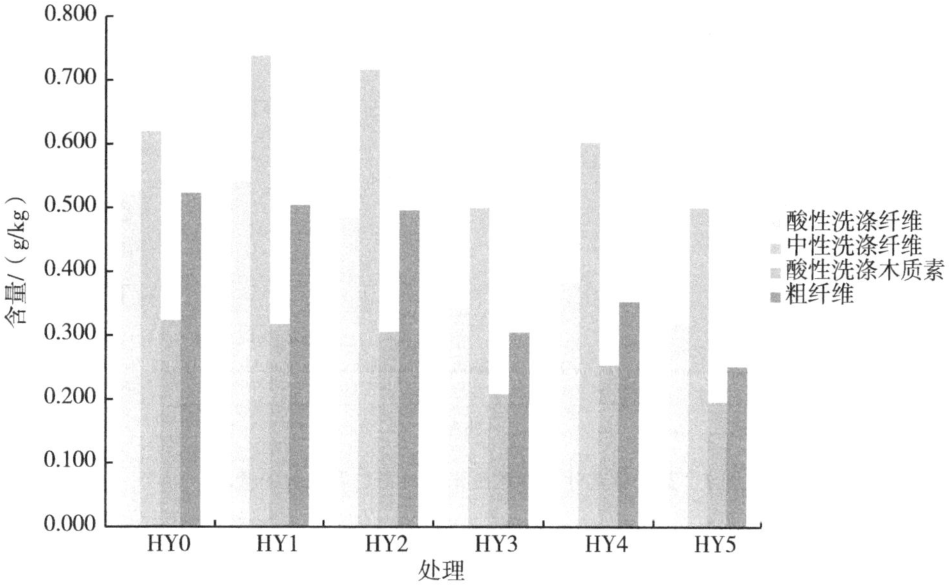

图 3　黄花菜茎叶与青贮玉米混合青贮纤维含量和木质素的情况

铵态氮占氮的比例作为衡量混合青贮饲料发酵过程中蛋白质分解状况的指标，可反映青贮饲料的发酵品质。混合青贮饲料中铵态氮的含量越高，表明青贮饲料发酵过程中蛋白的降解越多。本研究中，HY3 的铵态氮含量最高（图 4），表明该样品中的蛋白降解最多。

6. 黄花菜茎叶与青贮玉米不同混合比例有机酸含量比较

有机酸总量及其构成可以反映青贮发酵过程及青贮饲料品质的优劣，因此常对青贮饲料中的乳酸和挥发性脂肪酸进行测定。主要的测定指标包括乳酸、乙酸、丙酸、丁酸。可根据青贮饲料中有机酸的含量以及组成，判定青贮饲料的发酵品质。其中，

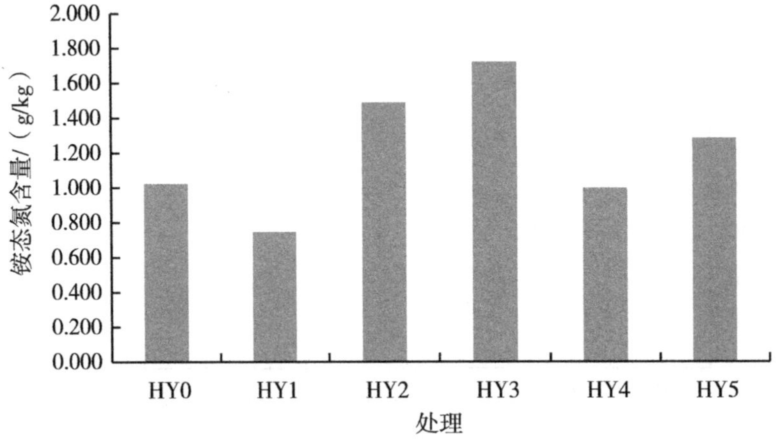

图 4　黄花菜茎叶与青贮玉米混合青贮铵态氮的情况

HY2、HY3 和 HY5 乳酸发酵旺盛，各酸含量均较高（图 5）。

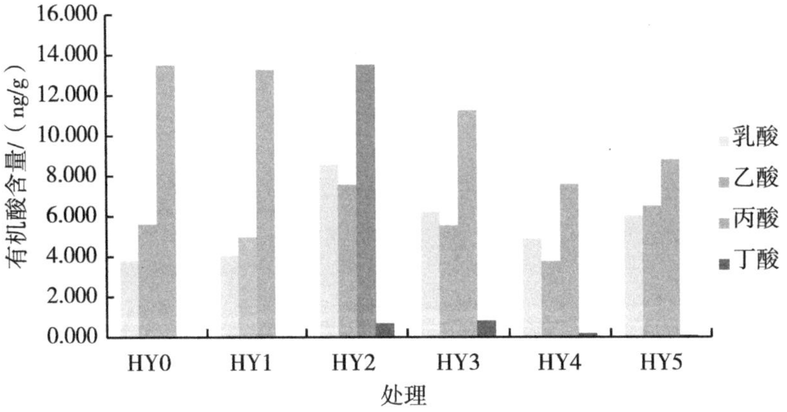

图 5　黄花菜茎叶与青贮玉米混合青贮有机酸的情况

7. 黄花茎叶与青贮玉米不同混合比例秋水仙碱含量

各处理中秋水仙碱含量均未检测出。

2. 3. 3. 2　黄花菜茎叶与苜蓿不同混合比例青贮营养品质比较

1. 试验设计

试验设 6 个处理，黄花菜茎叶与紫花苜蓿按质量比 10∶0（T1）、8∶2（T2）、6∶4（T3）、4∶6（T4）、2∶8（T5）、0∶10（T6）进行混合青贮。材料铡成 1~2 cm，调整水分含量为 65%左右，以 15~20 kg 为单位装入真空袋中，密封。每个处理设 3 个重复，分别添加等量的乳酸菌和糖蜜发酵 70 d。70 d 后测定混合青贮的发酵品质、安全系数、营养物质含量。

2. 黄花菜茎叶与苜蓿不同混合比例青贮 pH 值含量比较

青贮饲料的乳酸发酵良好时，pH 值较低；发生不良发酵则 pH 值升高。多项试验结果证实，苜蓿的适宜 pH 值在 4. 2~5. 2，酸度过高会导致饲料变质，酸度过低则会影响饲料的口感和消化吸收。本试验结果表明，各处理样品的 pH 值分布在 4.127～4.513，其中，T2 的 pH 值最低，为 4.127（图 6）。

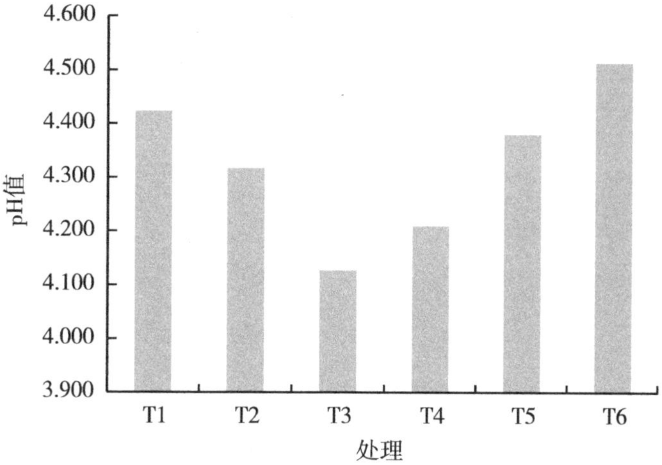

图 6　黄花菜茎叶与苜蓿混合青贮 pH 值的情况

3. 黄花菜茎叶与苜蓿不同混合比例青贮粗灰分、粗脂肪、粗蛋白含量比较

粗灰分主要反映样品中矿质的总体含量，大部分是磷、钙、钾的氧化物，可间接反映不同样品对可利用矿质元素的吸收情况，试验结果显示，T4 和 T3 的粗灰分含量最高，分别为 0.086 和 0.079（图 7）。

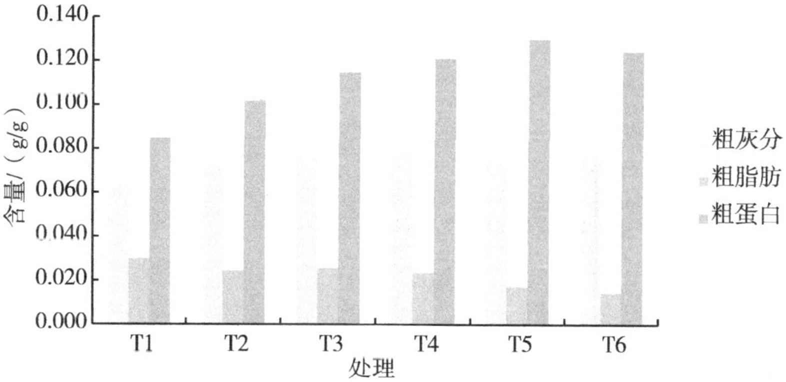

图 7　黄花菜茎叶与苜蓿混合青贮粗灰分、粗脂肪、粗蛋白的情况

粗蛋白含量的高低，直接关系到青贮样品营养价值的高低，粗蛋白含量的变化可反映青贮样品在制作过程中养分的损失情况，本试验中，T5、T6 和 T4 的粗蛋白含量最高，3 种处理间差异不显著。

粗脂肪含有芳香气味，是评价样品适口性的重要指标，反映在试验结果上为 T1 含量最高，T6 含量最低。

4. 黄花菜茎叶与苜蓿不同混合比例青贮纤维素和木质素含量比较

酸性洗涤纤维（ADF）、中性洗涤纤维（NDF）是评价样品被采食潜力和消化率的国际通用指标，其值越高，说明越难被草食动物消化吸收，在本研究中，NDF 含量随着苜蓿比例的增加呈现持续下降的变化趋势；ADF 含量呈现先降低再上升再降低的变化趋势，在 T6 时最低，T3 次之；酸性木质素和粗纤维总含量则呈现先降低后增加再下降的趋势，均在 T6 时值最小（图 8）。

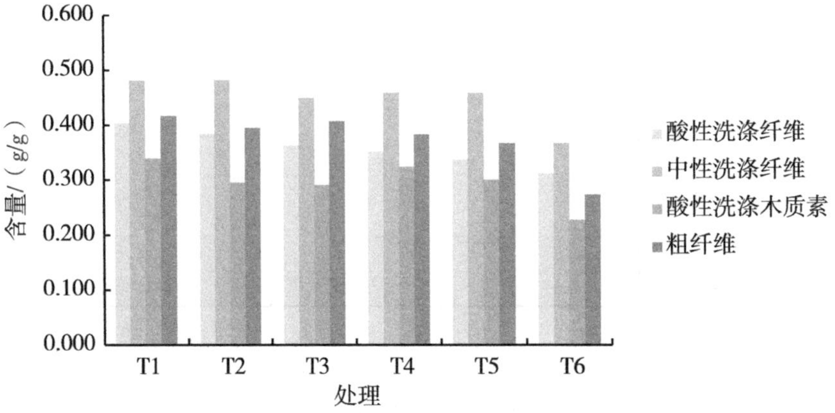

图 8　黄花菜茎叶与苜蓿混合青贮纤维素和木质素的情况

5. 黄花菜茎叶与苜蓿不同混合比例青贮铵态氮的比较

混合青贮饲料中铵态氮的含量表明青贮饲料发酵过程中蛋白的降解程度。本研究中 T1 的铵态氮含量最低，表明该样品中的蛋白质降解最少；随着苜蓿添加量的增加，呈现先增加再降低后再持续增加的变化趋势，但在 T3 时出现拐点，T3 的铵态氮含量高于 T4，至 T6 达到最高值，表明该样品中的蛋白降解最多（图 9）。

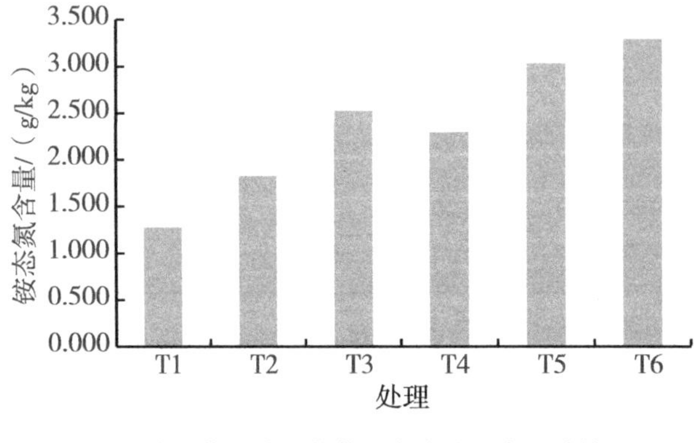

图 9　黄花菜茎叶与苜蓿混合青贮铵态氮的情况

6. 黄花菜茎叶与苜蓿不同混合比例青贮有机酸含量的比较

有机酸总量及其构成可以反映青贮发酵过程及青贮饲料品质的优劣，常对青贮饲料中的乳酸和挥发性脂肪酸进行测定。主要的测定指标包括乳酸、乙酸、丙酸、丁酸。可根据青贮饲料中有机酸的含量以及组成，判定青贮饲料的发酵品质。从图 10 可以看出，随着青贮样品中苜蓿含量增加、黄花菜茎叶含量减少，有机酸含量呈现出抛物线的变化趋势，即先增加后减少，在 T4 达到峰值。

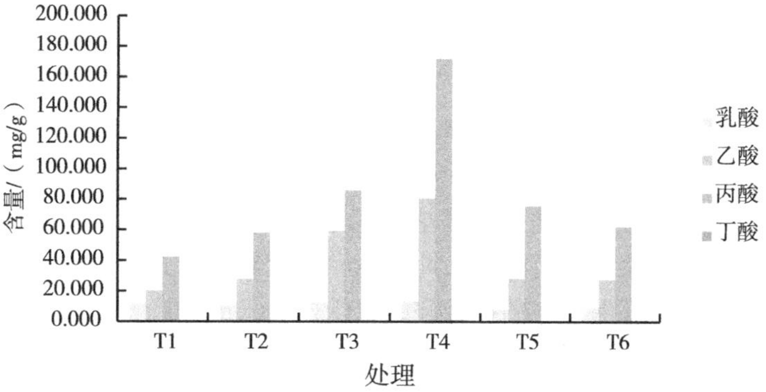

图 10　黄花菜茎叶与苜蓿混合青贮有机酸的情况

7. 黄花菜茎叶与苜蓿不同混合比例青贮秋水仙碱含量的比较

各处理均未检测出秋水仙碱含量。

2. 3. 3. 3　结论

（1）黄花菜茎叶与青贮玉米不同混合比例青贮样品中，以 HY3 最佳，HY2 次之。

（2）黄花菜茎叶与苜蓿不同混合比例青贮样品中，以 T4 最佳，T3 次之。

3　黄花菜茎叶饲草资源化利用存在的问题与挑战

3.1　采收与加工技术问题

黄花菜茎叶的饲草资源化利用在采收与加工技术方面存在显著问题。采收技术相对落后，目前主要依赖人工收割，这种方式效率低下，成本较高，且难以满足规模化利用的需求。同时，采收过程中缺乏统一的标准和规范，导致茎叶的品质和营养成分参差不齐，影响了饲草的整体质量。

在加工技术方面，黄花菜茎叶饲草的处理和转化技术尚未成熟。目前市场上的加工设备和技术主要针对其他类型的饲草，对黄花菜茎叶的适应性不强，导致加工过程中营养成分损失严重，饲草的口感和适口性也受到影响。此外，加工过程中的卫生和安全问题也不容忽视，缺乏严格的质量控制和检测手段，给饲草的安全利用带来了隐患。

3.2　资源化利用的市场与经济问题

黄花菜茎叶饲草资源化利用在市场与经济方面也面临一系列问题。市场认知度低，养殖户和饲料生产企业对黄花菜茎叶饲草的利用价值和效果缺乏了解，导致市场需求不足。同时，由于缺乏有效的市场推广和宣传手段，黄花菜茎叶饲草的市场影响力有限，难以形成稳定的市场需求。此外，经济成本也是制约黄花菜茎叶饲草资源化利用的重要因素。采收、加工、运输等环节的成本较高，导致饲草产品的价格不具竞争力。同时，由于黄花菜茎叶饲草的利用尚处于初级阶段，缺乏成熟的市场体系和产业链支撑，难以实现规模化和产业化发展。

3.3 环境保护与可持续发展问题

在环境保护与可持续发展方面，黄花菜茎叶饲草资源化利用也面临一些挑战。首先，采收和加工过程中产生的废弃物和污染物若处理不当，可能对环境造成污染，影响生态平衡。其次，过度采收黄花菜茎叶可能导致土壤侵蚀和黄花植株损伤，对黄花菜产业可持续发展产生负面影响。此外，黄花菜茎叶饲草资源化利用的可持续发展策略尚未完善。目前缺乏对黄花菜茎叶资源的长期规划和合理利用方案，导致资源的浪费和不可持续利用。同时，缺乏环保意识的提升和绿色生产技术的推广，也制约了黄花菜茎叶饲草资源化利用的可持续发展。

综上所述，黄花菜茎叶饲草资源化利用在采收与加工技术、市场与经济、环境保护与可持续发展等方面均存在一系列问题。为了推动黄花菜茎叶饲草资源化利用的健康发展，需要加强技术研发、提升市场认知度、降低经济成本、加强环境保护意识并推动可持续发展策略的实施。

4 黄花菜茎叶饲草化利用前景与发展建议

黄花菜作为一种常见的草本植物，其茎叶富含营养，具有良好的饲草利用潜力。然而，当前黄花菜茎叶的饲草化利用还处于初级阶段，面临着技术瓶颈、市场认知度低、政策支持不足等问题。为了充分发挥黄花菜茎叶的饲草价值，需要从技术创新与研发、政策支持与引导、市场拓展与合作、环境保护与可持续发展策略等方面提出解决方案与发展建议。

4.1 技术创新与研发

技术创新是推动黄花菜茎叶饲草化利用的关键。当前，需要针对黄花菜茎叶的收集、加工、储存和饲喂等环节，加强技术研发和创新，提高饲草利用效率和品质。

首先，应研发高效的黄花菜茎叶收集技术。利用机械化和自动化的收集设备，提高收集效率，降低人工成本。同时，研究适宜的收集时间和方法，确保茎叶的营养成分和品质不受损失。

其次，加强黄花菜茎叶加工技术的研究。通过粉碎、干燥、发酵等工艺，将黄花菜茎叶转化为易于储存和运输的饲草产品。在加工过程中，应注重保留茎叶的营养成分和口感，提高饲草的适口性和营养价值。

再次，还应关注黄花菜茎叶饲草的储存技术研究。通过优化储存条件和方法，延长饲草的保质期，降低损失率。同时，研究饲草的长期保存技术，为饲草的长远利用提供保障。

最后，加强黄花菜茎叶饲喂技术的研究。针对不同动物的需求和习性，研究适宜的饲喂方法和饲草配比，提高饲草的利用率和动物的生长性能。

4.2 政策支持与引导

政策支持是推动黄花菜茎叶饲草化利用的重要保障。政府应出台相关政策，引导和鼓励企业和个人积极参与黄花菜茎叶的饲草化利用。

首先，制定黄花菜茎叶饲草化利用的专项规划。明确发展目标、重点任务和保障措施，为饲草化利用提供明确的指导方向。

其次，提供资金支持。通过设立专项资金、提供贷款优惠等措施，支持企业和个人开展黄花菜茎叶饲草化利用的研究和实践活动。

再次，加强政策宣传和培训。通过举办培训班、研讨会等活动，提高公众对黄花菜茎叶饲草化利用的认识和了解，推动饲草化利用技术的普及和推广。

最后，建立激励机制。对在黄花菜茎叶饲草化利用方面取得显著成效的企业和个人给予表彰和奖励，激发其积极性和创造力。

4.3 市场拓展与合作

市场拓展是黄花菜茎叶饲草化利用的重要环节。通过加强市场宣传和合作，提高饲草产品的知名度和影响力，拓展其应用领域和市场空间。

首先，加强市场宣传。利用广告、宣传册等方式，向养殖企业、农户等潜在客户宣传黄花菜茎叶饲草的优点和饲用效果，提高其认知度和接受度。

其次，建立销售渠道。与养殖企业、饲料生产企业等建立合作关系，将黄花菜茎叶饲草产品纳入其采购范围。

最后，开展示范推广活动。在养殖企业、农村地区等开展黄花菜茎叶饲草的示范推广活动，使更多人了解和认识其饲用价值和应用前景。

4.4 环境保护与可持续发展策略

在推动饲草化利用的过程中，应注重可持续发展，实现经济效益、社会效益和环境效益的协调发展。

首先，在黄花菜茎叶收集、加工、饲喂等环节，注重环境保护和生态平衡，避免对环境造成破坏和污染。

其次，推广绿色生产技术。采用绿色、环保的生产工艺和技术手段，降低能耗和排放，提高资源利用效率。

最后，推动循环经济发展。通过资源化利用黄花菜茎叶废弃物等方式，实现资源的循环利用，减少环境污染，推动循环经济的发展。

综上所述，黄花菜茎叶饲草化利用具有广阔的发展前景和潜力。通过技术创新与研发、政策支持与引导、市场拓展与合作、环境保护与可持续发展策略的综合应用，可以推动黄花菜茎叶饲草化利用的健康发展，为畜牧业和农业的可持续发展做出贡献。同时，这也需要政府、企业、科研机构和社会各界的共同努力和协作，形成合力，共同推动黄花菜茎叶饲草化利用事业的蓬勃发展。

参考文献

任阳，刘洪章，刘树英，等，2017. 萱草属植物研究综述［J］. 北方园艺（20）：180-184.

任毅，高亦珂，朱琳，等，2016. 萱草属种质资源多样性研究进展［J］. 北方园艺（16）：188-193.

吴征镒，2004. 中国植物志［M］. 北京：科学出版社

向长萍，李锡香，2014. 黄花菜种质资源描述规范和数据标准［M］. 北京：中国农业科学技术出版社.

邢宝龙，曹冬梅，王斌，等. 黄花菜种植与利用［M］. 北京：气象出版社.

杨润芝，2018. 黄花菜生物学特性研究与应用［J］. 河南农业（28）：13.

张少艾，李洁，1995. 萱草属植物的种质资源研究［J］. 上海农学院学报，13（3）：181-186.

张世杰，张志国，2018. 萱草属植物的起源、分布、分类及应用［J］. 园林（5）：5-9.

张杨珠，陈涛，2008. 湖南省主要黄花菜品种生长发育和养分吸收规律研究［J］. 作物研究，2：95-100.

赵建萍，2002. 优异黄花菜品种资源马蔺黄花［J］. 中国种业（11）：44.

山西省野生赖草资源研究

杜利霞　侯向阳　廖明旺　赵诗梦　秦士利　董一丁

（山西农业大学草业学院）

摘要：牧草种质资源是草业可持续发展的基础，特别是乡土草资源长期生存于当地环境中，与当地的气候、土壤、地形、生物和人类活动等形成了协同进化关系，器官组织、生物学特性都随着自然环境的优劣发生适应性变化，是外来物种所无法比拟的。因此，加强对特色乡土草种质资源的保护与利用显得尤为重要。在牧草种质资源保护的基础上，运用相关学科的理论和方法技术，对资源进行全面的收集和研究，发现并创造有价值的牧草种质资源，能为草地农业、畜牧业以及生态建设提供宝贵的种质材料。赖草（*Leymus secalinus*）是山西优质的乡土草资源，通过收集和鉴定评价，建立赖草种质资源核心种质库，选育新品种，为生态修复、盐碱地利用提供适种的基础资料，也是维护草原生物多样性、推进草原生态修复工作的基础。

关键词：野生赖草；乡土草资源；鉴定评价；品种选育

引言

加强种质资源保护利用，加快推进种业科技创新，加大良种推广应用力度——“把当家品种牢牢攥在自己手里”，2023 年 6 月，《人民日报》进一步指出实现“十四五”种业振兴重点任务的方法是从种质资源入手，目标是实现种业创新。

赖草是优质的乡土草资源，是利用边际土地生产饲草，达到“不与人争粮，不与粮争地，不与粮争水”饲草种植的首选资源，也是人工草地建植、天然草场修复、盐碱地利用不可或缺的优质资源。

1　国内外赖草资源的研究

1.1　分布

赖草（*Leymus secalinus*）隶属于禾本科（Gramineae）小麦族（Triticeae）赖草属（*Leymus*），染色体数目为 20~30 的各种非整倍体。赖草适应环境能力强，分布范围广，在我国西北、东北西部、华北、西南等地区均有分布，生境范围较广，可见于沙地、平原绿洲及山地草原带。在长期的环境选择压力下，赖草展现出较强的耐寒、耐旱、耐涝、耐碱、耐风沙及抗病虫害等能力。赖草属植物具有重要的经济价值和生态价值，20世纪40年代初，苏联首次将赖草属植物和小麦杂交，以获得更优良的小麦品种。此后，越来越多的研究者致力于将赖草属的优良抗性基因导入小麦，以改良小麦性状。

1.2 研究进展

目前赖草在形态组织结构、生理特性、抗旱性、耐盐碱性、分子机制等方面均有研究。易津等对赖草、羊草、毛穗赖草3种牧草的研究表明，种子休眠存在明显的种间差异，且该属牧草种子休眠属于由抑制物引起的生理性休眠。刘晓妮等通过围封和自由放牧两种方法，对赖草群落生物量和物种多样性进行了为期5年的动态观测，结果表明，适度放牧促进了赖草群落的物种多样性，而不合理放牧使草地植物群落的盖度、高度和生物量都有所降低。易津等对赖草属牧草幼苗的耐旱性进行了研究，发现羊草、赖草和毛穗赖草的耐旱性最强，而巨型赖草最不耐旱。赖草通过降低单个克隆分株的生长、增加芽的数量以应对水分异质性。

1.3 赖草资源存在的问题

野生优良资源具有很强的适应性和抗逆性，可通过驯化引种来开发利用山西省野生优良禾本科牧草，使之成为发展山西省人工草地和改良天然草地的重要草种，进一步凸显其在草地畜牧业中的重要地位。然而，目前对赖草资源的收集和利用研究较少，且存在的问题限制了其在实践中的应用。主要问题如下。

1.3.1 资源家底不明确

植物志中明确了赖草资源的分布区域，但在山西省，赖草根茎禾草资源的种类、具体分布、数量及利用程度尚不明确，导致其在利用时受到限制。加大赖草资源的调查与收集，为下一步野生资源的利用奠定基础。

1.3.2 赖草种子繁殖能力差

赖草为根茎禾草，无性繁殖能力较强，有性繁殖能力较弱，主要表现为发芽率低、抽穗率低和结实率低的“三低”问题。种子存在不同程度的休眠现象，是植物有性生殖适应逆境的一种方式，也是造成发芽率低的主要原因。破除休眠不仅能使种子出苗整齐，还能节约用种成本。因此，赖草种子休眠的破除是急需解决的问题。

2 赖草属资源的收集

2.1 赖草种质资源调查与收集方案

根据中国植物志中赖草属植物的分布区域记录，赖草属植物在我国的新疆、甘肃、青海、陕西、四川、内蒙古、河北、山西、辽宁、吉林、黑龙江等省区均有分布，其中赖草主要分布在新疆、甘肃、青海、陕西、宁夏、内蒙古、河北、山西。本研究以山西省及周边省份为重点采集区，确定资源收集目标。以县为单位确定赖草资源收集区域，具体包括山西 80 个县、内蒙古 41 个县、陕西 27 个县、河北 26 个县、甘肃 54 个县、宁夏 17 个县，总计 245 个县。将采集区域划分为若干网格，山西境内每个网格大小为 50 km×50 km，以网格为单位分组进行赖草资源收集工作。山西周边省每个网格大小为 100 km×100 km，以网格为单位分组进行赖草资源收集工作。

2.2 赖草资源收集方法

2.2.1 赖草原始生境数据记录

在网格内采集赖草资源时，每个网格中包括 4 个不同生境类型：田间地头（T，指农田地头、地埂等）、路边（L，指公路旁）、撂荒地（H）、草地（C）。

收集到赖草资源后，首先进行 GPS 定位，山西省内的采集编号为“组别-采集方格编号-生境类型（T、L、H、C）-（1、2、3……）”；山西周边省的采集编号为“W-组别-采集方格编号-生境类型（T、L、H、C）-（1、2、3……）”，同时对赖草生长位置、近距离周边生境、远距离周边生境 3 个角度进行拍照记录，每个采集点至少拍摄 3 张照片。每个赖草资源采集点应采集至少 3 丛赖草，丛间距依生境大小而定，尽量控制在“40 m 至肉眼所见”之间，如果生境较小，丛间距可适当缩小；选定赖草丛后，针对每一丛测定种群自然高度、营养枝垂直高度、叶长、叶宽、最高的生殖枝测定垂直高度及穗长。

2.2.2 赖草植株采集

赖草原始生境数据记录后，选取长势较好的赖草植株进行挖取，每丛大小为 10 cm × 10 cm，土层深度为 15 cm；如赖草单株分布，则需至少采集 6 株。采集赖草时将地上部分刈割，留茬高度 5 cm 以上；同时采集赖草种子，每个采样点采集赖草穗 20 个以上，将采集的穗放入信封袋，与采集编号一同记录。

2.2.3 赖草原生境土壤采集

每个采集点采集 0~10 cm、10~20 cm、20~30 cm 3 个土层土壤样品，每丛赖草旁每层土壤采集 2 钻（1 个采集点总计 6 钻）；山西省内的采集点布袋编号为“组别-采集方格编号-生境类型（T、L、H、C）-（1、2、3……）-（A/B/C）”；山西周边省的采集点布袋编号为“W-组别-采集方格编号-生境类型（T、L、H、C）-（1、2、3……）-（A/B/C）”，W 代表省外，A 代表 0~10 cm，B 代表 10~20 cm，C 代表 20~30 cm；布袋编号前半部分（除“-（A/B/C）”外），与 GPS 定位编号（采集点编号）相同。最后在赖草资源、土样采集结束后对采集点进行土壤回填。

2.2.4 赖草移栽

收到材料后，将土壤样品、种子送至山西农业大学草业学院实验室；将采集到的赖草资源移栽至花盆，采用260型号塑料花盆对采集的赖草资源进行培养，花盆编号与野外采集的材料编号一致。将原状土块置于花盆，并用土壤将花盆填满，浇水；上冻前将花盆埋入土壤越冬。

2.3 山西省及周边省份赖草资源分布

在山西省内，共采集 373 份赖草资源；在山西周边省份，共采集了 140 份赖草资源。

3 赖草资源研究

3.1 表型、分布与土壤相关性研究

将收集到的资源与地形、海拔、纬度、经度、采集点编号、种群自然高度、营养枝垂直高度、生殖枝垂直高度、叶长、叶宽以及穗长等数据，与土壤样品有机质、全氮、有效氮、全磷、速效磷、全钾、速效钾、pH 值和电导率 9 个指标进行相关性分析（表 1）。

表 1 土壤养分与赖草表型性状间的相关性

因子	VVH	LL	LW	RVH	PL
电导率	0.005	0.099	−0.096	−0.153	−0.202
pH 值	0.014	0.076	−0.034	0.007	−0.052
有机质	0.357**	0.314**	0.011	0.171	0.121
全氮	0.334**	0.207*	−0.136	0.189	0.151
有效氮	0.272*	0.153	−0.130	0.155	0.124
全磷	−0.113	0.124	−0.078	−0.142	−0.155
速效磷	−0.016	0.006	−0.223*	−0.120	−0.070
全钾	−0.200	0.157	−0.085	−0.100	−0.180
速效钾	−0.023	−0.083	−0.181	−0.028	−0.016

注：VVH 为营养枝垂直高度，LL 为叶长，LW 为叶宽，RVH 为生殖枝垂直高度，PL 为穗长。
** 表示在 0.01 水平上，相关性显著；* 表示在 0.05 水平上，相关性显著。

对土壤养分含量与赖草表型性状之间的关系进行了研究。由表 1 可见，赖草营养枝垂直高度与全氮、有机质呈极显著正相关，与有效氮呈显著正相关；叶长与土壤全氮、

有机质之间存在明显的正相关关系；叶宽与速效磷之间存在明显的负相关关系；其他赖草表型性状与土壤养分指标之间虽有相关关系，但并不明显。从以上分析来看，赖草的营养性状指标与土壤理化性质有明显的相关性，而生殖性状的指标与土壤理化性状没有显著相关关系。

除了营养枝垂直高度和叶长与经度、纬度和海拔中的一个因子达到显著性（$P<0.05$）外，其他表型性状与经度、纬度和海拔均未达到显著性（表 2）。经度与赖草营养枝垂直高度、叶长 2 个性状显著相关（$P<0.05$）；纬度与赖草营养枝垂直高度极显著相关（$P<0.01$）。

随着经度增加，营养枝垂直高度和叶长均显著增加。随着纬度升高，营养枝垂直高度显著降低。

表 2　赖草表型性状与地理因子间的相关性

因子	海拔	纬度	经度
营养枝垂直高度	−0.028	−0.218*	0.102
叶长	0.135	0.188	0.350**
叶宽	0.099	−0.191	−0.270*
生殖枝垂直高度	0.122	−0.100	−0.008
穗长	0.004	−0.225*	−0.152

注：** 表示在 0.01 水平上，相关性显著；* 表示在 0.05 水平上，相关性显著。

3.2　抗性研究

3.2.1　抗旱性评价

以收集到的 94 份赖草资源为研究对象，通过设置不同的干旱处理与正常给水对照，在温室条件下进行盆栽试验。干旱胁迫处理后，测定不同处理环境下的形态与生理指标，通过计算单项抗旱系数、抗旱性度量值（D 值）等抗旱指标，根据抗旱性度量值的大小对赖草种质资源的抗旱性进行综合排序，划分抗旱等级，筛选抗旱性强的种质资源加以利用。

3.2.2　抗盐碱性评价

用 NaCl（浓度为 0 mmol/L、100 mmol/L、200 mmol/L、300 mmol/L、400 mmol/L、500 mmol/L、600 mmol/L、700 mmol/L）、Na_2CO_3 和 $NaHCO_3$（浓度为 0 mmol/L、50 mmol/L、75 mmol/L、100 mmol/L、150 mmol/L、200 mmol/L、300 mmol/L、400 mmol/L）对盆栽赖草幼苗进行胁迫处理，通过研究其不同部位离子含量和离子的选择性运输，分析探讨赖草的耐盐生理机制。结果表明，NaCl、Na_2CO_3 和 $NaHCO_3$ 胁迫后，赖草幼苗根系的 Na^+ 含量均高于茎叶，而 Cl^- 含量则是茎叶高于根系，根系的限

Na^+能力随盐浓度的增加而增强。赖草幼苗在 300 mmol/L NaCl 以下时生长不受影响，Na_2CO_3浓度低于 150 mmol/L 时，可通过 K^+、Ca^{2+}的协调来抵制 Na^+和 Cl^-的积累，$NaHCO_3$浓度高于 200 mmol/L 时，茎叶中的 Na^+和 Cl^-含量增加，受胁迫程度加重。随着盐浓度的增加，Na/K 比也随之增加，但茎叶的增加量小于根系，说明赖草的耐盐方式是通过根系限制 Na^+向茎叶运输，从而避免或减轻 Na^+对茎叶的损伤。

3.3 根茎研究

将采集的赖草资源扩繁后，精心挑选长势一致健康无损伤的、带有一节短根茎的植株移栽至大田，小区面积为 5 m × 5 m，任其自由生长。每份材料设置 5 个重复，通过观察和测定赖草母株的分蘖能力和子株的生长速度、方向、位置、与母株的距离等指标评价不同资源的根茎扩繁能力（图 3）。

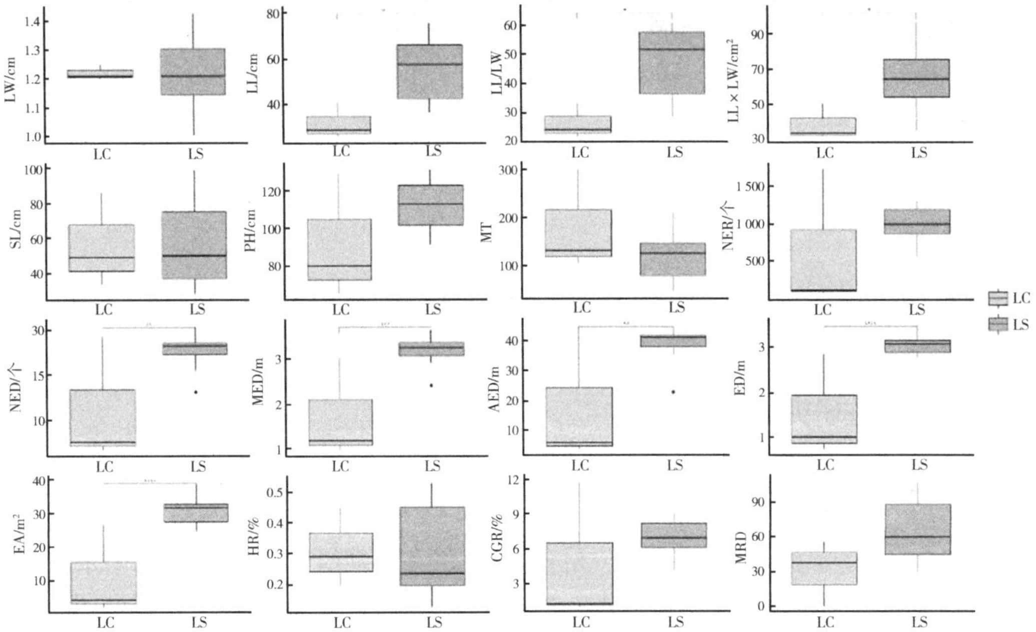

图 3　扩繁能力强的羊草赖草指标对比箱型图

注：LC，羊草；LS，赖草；LW，叶宽；LL，叶长；LL/LW，叶长宽比；LL×LW，叶片大小；SL，茎长；PH，株高；MT，母株分蘖增加倍数；NER，根茎子株数；NED，根茎扩展方向数；MED，单向最大扩展距离；AED，累计扩展距离；ED，扩展距离；EA，扩展面积；HR，母株抽穗率；CGR，克隆生长率；MRD，根茎子株跨年增加倍数。

结果发现，赖草的 LL/LW（叶长宽比）比羊草高 77.74%，LL × LW（叶片大小）比羊草高 66.62%，SL（茎长）比羊草高 0.84%，PH（株高）比羊草高 22.85%，MT（母株分蘖增加倍数）比羊草低 31.48%，NER（根茎子株数）比羊草高 53.18%，NED（根茎扩展方向数）比羊草高 59.82%，MED（单向最大扩展距离）比羊草高 87.46%，AED（累计扩展距离）茎长比羊草高 122.46%，ED（扩展距离）比羊草高

97.79%，EA（扩展面积）比羊草高182.75%，HR（母株抽穗率）比羊草低4.93%，CGR（克隆生长率）比羊草高53.18%，MRD（根茎子株跨年增加倍数）比羊草高102.62%。总体来说，除了MT、LW、HR外，大部分指标中赖草都比羊草的均值要高。由此可见，赖草扩繁能力相对来说强于羊草。

3.4 赖草资源核心种质库构建

以收集整理的94份赖草资源为材料，通过表型评价、抗性评价、遗传多样性评价，比较不同构建方法所得核心子集的遗传多样性保留量，筛选出最佳抽样策略；结合分子标记比较不同数据类型核心子集的多样性指标。最后整合地理信息并运用性状位点关联分析找到的显著相关位点完成赖草核心种质库的构建，并进行评估验证。

3.5 赖草种子休眠的破除

赖草种子休眠导致的发芽率低是生产应用的限制因子。为破除休眠，采用浓度为0.01~0.17 mmol/L水杨酸（salicylic acid，SA）、200~600 μL/L乙烯利（ethephon，ETH）、20~60 mg/L吲哚乙酸（indoleacetic acid，IAA）分别对赖草种子浸种处理12 h、24 h、36 h，通过测定分析4个种子发芽指标，探究这3种物质对破除赖草种子休眠的影响，为赖草种子休眠破除提供理论依据。结果表明，适宜浓度的SA、ETH和IAA浸种处理均能有效打破赖草种子休眠。其中，用0.05 mmol/L SA浸种12 h后，种子发芽率最高为64%，是对照的2倍；用20 mg/L IAA浸种24 h时，种子发芽势达到最大为33%，高于SA和ETH处理。此外，用50 mg/L IAA浸种36 h和200 μL/L ETH浸种12 h时，种子发芽率分别为51%和48%，均显著高于对照。高浓度的SA和ETH会抑制种子发芽。因此，浓度为0.05 mmol/L SA浸种处理12 h破除赖草种子休眠的效果最佳。利用层积方法，处理90 d后，赖草种子的发芽势和发芽率达到最大值，分别是对照的4.12倍和3.61倍；60 mg/L的6-BA引发处理36 h后，赖草种子的发芽率为51.03%，是清水引发处理的2.51倍。

3.6 建立种子扩繁基地

针对国审品种‘晋北’赖草，建立种子繁育基地进行种子扩繁，以保证种子供应，满足农业生产的需要；同时控制种子质量，生产优良种子，加速种子质量标准化的实现。因此，种子基地的建立是新品种推广利用的关键环节，是实现非“纸上育种”的前提。

4 总结

山西省野生赖草资源丰富，加强优质乡土草种资源的收集、选育、扩繁、储备和推广利用，可不断满足草原生态修复的用种需求，为大力发展山西草种业提供物质保障。

参考文献

白玉娥，易津，谷安琳，等，2005. 八种根茎类禾草种子耐盐性研究［J］. 中国草地（2）：55–59，65.

蔡联炳，2005. 国产赖草属的叶表皮特征与组群划分［J］. 植物研究（4）：400–405.

杜利霞，董宽虎，乔志宏，等，2013. NaCl 胁迫对赖草幼苗生理特性的影响［J］. 草原与草坪（1）：1–4，10.

杜利霞，董宽虎，乔志宏，等，2012. $NaHCO_3$胁迫对赖草几种生理指标的影响［J］. 山西农业科学（11）：1160–1163.

刘晓妮，李刚，赵祥，等，2014. 放牧对赖草群落生物量及植物多样性的影响［J］. 草地学报，22（5）：942–948.

沙莉娜，2008. 赖草属植物的形态学、细胞学与分子系统学研究［D］. 成都：四川农业大学.

史仁玖，郝岗平，赵茂林，等，2008. 多枝赖草 *Glutathione Reductase* 基因克隆及胁迫表达分析［J］. 四川师范大学学报（自然科学版）（4）：471–475.

孙菊，杨允菲，2006. 盐胁迫对赖草种子萌发及其胚生长的影响［J］. 四川草原（3）：17–20.

孙振雷，黄凤兰，1998. 赖草的染色体组型及非整倍体［J］. 哲里木畜牧学院学报（2）：10–13.

王六英，2001. 赖草属（*Leymus* Hochst.）3 种牧草营养器官耐旱结构的研究［J］. 干旱区资源与环境（S1）：23–27.

温涛，陈伟，史静，等，2013. 温度对赖草种子萌发及幼苗生长的影响［J］. 青海草业（3）：2–5.

徐雅梅，张卫红，蔺永和，等，2017. Cu^{2+}、Zn^{2+}对西藏不同区域野生赖草萌发特性和生理效应的影响［J］. 草地学报，25（5）：1037–1046.

杨瑞武，魏秀华，周永红，等，2004. 赖草属植物醇溶蛋白的遗传多态性［J］. 云南植物研究（1）：103–110.

叶学华，胡宇坤，刘志兰，等，2013. 水分异质性影响两种根茎型克隆植物赖草和假苇拂子茅的水分存储能力［J］. 植物生态学报，37（5）：427–435.

叶煜辉，江明锋，陈艳，等，2009. 赖草属植物的抗逆性研究进展与应用前景［J］. 生物学杂志（4）：54–57，26.

易津，谷安琳，贾光宏，等，2001. 赖草属牧草幼苗耐旱性生理基础的研究［J］. 干旱区资源与环境（S1）：47–50.

易津，李青丰，田瑞华，1997. 赖草属牧草种子休眠与植物激素调控［J］. 草地学报（2）：93–100.

FAN X，LIU J，SHA L – N，et al.，2014. Evolutionary pattern of rDNA following polyploidy in *Leymus* (Triticeae: Poaceae) [J]. Molecular Phylogenetics and Evolution, 77: 296-306.

Guang min X, Hui min C, 1996. Plant regeneration from intergeneric somatic hybridization between *Triticum aestivum* L. and *Leymus chinensis* (Trin.) Tzvel [J]. Plant Science, 120 (2): 197-203.

KAUR P, MOTT I W, LARSON S R, et al., 2008. Gene expression polymorphisms and ESTs associated with gravitropic response of subterranean branch meristems and growth habit in *Leymus* wildryes [J]. Plant science, 175 (3): 330-338.

Larson S R, Kishii M, Tsujimoto H, et al., 2012. *Leymus* EST linkage maps identify 4NsL-5NsL reciprocal translocation, wheat-*Leymus* chromosome introgressions, and functionally important gene loci [J]. Theoretical and Applied Genetics, 124: 189-206.

LIU S, KANG Y, WAN S, et al., 2011. Water and salt regulation and its effects on *Leymus chinensis* growth under drip irrigation in saline-sodic soils of the Songnen Plain [J]. Agricultural Water Management, 98 (9): 1469-1476.

山西省牧草病害及防治技术

高　鹏

（山西农业大学草业学院）

摘要：山西省位于我国黄土高原东部和北方农牧交错带，拥有丰富的草地资源，占全省面积的60%左右，在拱卫京津冀生态安全和发展畜牧业经济中发挥着重要作用。病害是导致草地退化、降低草产品产量和品质的主要因素，但山西省在草地病害方面存在家底不清、危害认识不足、研究严重滞后等诸多问题。自2018年开始，研究人员对山西省天然草原和栽培草地植物病害开展了系统研究，在病原分类、致灾规律和防治技术等方面取得了积极进展，为推动我省实施黄河流域生态保护和草产业高质量发展提供了理论依据和技术保障。

关键词：草地；病害；病原；致灾规律；防治技术

引言

草地是陆地生态系统的重要组成部分，牧草是草食牲畜的主要饲料，草地资源在开展生态环境保护和发展畜牧业经济等方面发挥着重要作用。根据2022年山西省第三次国土调查主要数据公报显示，山西省现有各类草地310.51万 hm^2，其中天然和栽培牧草地1.15万 hm^2，可供饲用的牧草有55科近666种，主要是豆科和禾本科植物。近年来，草地生物灾害在我国持续大面积发生，其中病害年均发生面积13万 hm^2以上，成为导致草地退化、降低草产品产量和品质的主要因素。截至目前，我国共报道草地植物病害2 800余种，禾本科和豆科植物上发生病害最多，为2 053种。

长期以来，山西省在草地病害方面存在家底不清、危害认识不足、研究严重滞后等诸多问题。自2018年开始，通过对山西省太行、吕梁山区的盐碱草地、马仑山地草甸草地、五台山高山草甸和沁源花坡温性草甸草原等不同生态区域的植物病害进行调查，共发现29种主要禾本科和豆科牧草上的34种病害，其中由蠕形菌、球壳孢、锈菌、白粉菌等病原引起的病害有25种，发病率最高可达100%，导致叶片提前枯黄凋落，严重时引起草地早衰。同时，针对山西省饲用玉米、紫花苜蓿、饲用燕麦和小黑麦等主要栽培牧草也开展了病害研究，在病原分类、致灾规律和防治技术等方面取得了积极进展。

1 主要牧草病害

1.1 天然草地植物病害

山西省天然草地上的牧草植物主要有禾本科的赖草、羊草、白羊草、披碱草、早熟禾、碱茅等，豆科的胡枝子、草木樨、红豆草、扁蓿豆等，以及菊科的风毛菊和苦苣，还有蔷薇科的鹅绒委陵菜。病害类型主要包括叶斑病、叶枯病、锈病、白粉病、黑粉病和一些种子病害，病原主要为子囊菌门的蠕形菌、球壳孢菌、白粉菌和担子菌门的锈菌、黑粉菌等。病害类型、病原、症状详见表 1。

表 1　山西省天然草地主要植物病害

植物	病害	病原	症状
赖草	灰斑病	暗球腔菌属 *Phaeosphaeria*	病斑初期呈斑点状，灰色至灰褐色，后期逐渐扩展至长条形或不规则形，相互融合，周围可见黄色或紫褐色晕圈
	叶枯病	燕麦壳多胞 *Parastagonospora avenae*	病斑初期呈梭形，边缘具黄褐色晕圈，后期扩展呈长条形或不规则形，中间部位变黑，表面出现黑色小点，即分生孢子器
	黑痣病	禾黑痣菌 *Phyllachora graminis*	子座叶两面生，散生或少数聚生，圆形、梭形或长条形，黑色，有凸起感，具光泽，周围有黄色或紫色晕圈。发病严重时，黑斑逐渐扩大直至覆盖整个叶片
	叶锈病	隐匿柄锈菌 *Puccinia recondita*	主要侵染叶片和叶鞘。夏孢子堆粉状，橘黄色至黄褐色，发病后期或生长季末，在叶背面产生深褐色或暗黑色的冬孢子堆。发病较轻时形成枯斑，发病严重时整个叶片可被孢子堆覆盖
	冠锈病	鹿角柄锈菌 *Puccinia rangiferina*	
	麦角病	麦角菌 *Claviceps purpurea*	菌核着生在子房内，紫色或黑色，萌发形成子座。子座有长柄，顶端 膨大如头状
	条黑粉病	条形黑粉菌 *Ustilago salweyi* Syn. *Ustilago striiformis*	叶上产生长短不一的黄绿色条斑，随后变为暗灰色或银灰色，表皮破裂后释放出黑褐色粉末状冬孢子，后期病叶撕裂，卷曲并死亡

（续表）

植物	病害	病原	症状
羊草	冠锈病	鹿角柄锈菌 *Puccinia rangiferina*	主要侵染叶片。发病初期病斑小，呈黄色褪绿斑点，随后在叶上面出现黄色、橘黄色、黄褐色或肉桂色的粉末状夏孢子堆，发病后期或生长季末，在叶下面产生深褐色或暗黑色的冬孢子堆。发病较轻时形成枯斑，发病严重时整个叶片可被孢子堆覆盖
	叶锈病	叶锈菌 *Puccinia triticina*	
	条锈病	条形柄锈菌 *Puccinia striiformis*	
	褐锈病	披碱草柄锈菌 *Puccinia elym*	
	叶枯病	禾草离蠕孢 *Bipolaris sorokiniana*	病斑初期在叶片上出现小的褐色至黑色斑点，椭圆形、梭形或不规则形。随着斑点扩大，其中心常变为浅棕褐色至黑褐色，外缘通常有黄色晕圈。潮湿条件下表面生黑色霉状物
早熟禾	条锈病	条形柄锈菌 *Puccinia striiformis*	主要侵染叶片、叶鞘。发病初期病斑小，随后在叶上面出现黄色、橘黄色或黄褐色的粉末状夏孢子堆，呈条形排列。发病后期或生长季末，在叶下面产生深褐色或暗黑色的冬孢子堆
	白粉病	禾布氏白粉菌 *Blumeria graminis*	主要危害叶片和叶鞘，发病严重时也可侵染穗部。病斑近圆形、椭圆形或不规则形，有时相互融合，白色、灰白色或灰褐色。病斑表面覆盖有白色粉孢子。后期出现黄色、橙色或褐色的闭囊壳
	灰斑病	灰梨孢 *Pyricularia grisea*	病斑呈灰色、棕色或红褐色的长圆形、长条形、纺锤形或不规则形。病斑中部一般为灰褐色至灰白色，边缘呈褐色至紫褐色，有黄色晕圈。高湿条件下，病斑上可出现霉层
胡枝子	白粉病	胡枝子白粉菌 *Erysiphe glycines*	侵害叶片，最初叶两面形成白色粉状小斑点，随后逐渐扩大覆盖全叶，呈白色粉状霉层，上着生黄色、黄褐色或黑色小点状颗粒，即闭囊壳
	锈病	胡枝子单胞锈菌 *Uromyces lespedzae-bicoloris*	夏孢子堆叶两面生，散生或聚生，近椭圆形或不规则形，淡褐色，粉状。冬孢子堆叶两面生，黑褐色或黑色
披碱草	叶枯病	圆柱核腔菌 *Pyrenophora teres*	病斑主要分布在中、下部叶片。初期病斑呈椭圆形或卵形小斑点，逐渐扩展形成棕色至紫黑色斑点，常伴有黄色晕圈。后期病斑呈长椭圆形、长梭形、网斑形或不规则形，中心多枯死，褐色或枯白色，相互愈合后形成较大的坏死斑。潮湿条件下病斑上产生灰黑色霉状物

（续表）

植物	病害	病原	症状
披碱草	黑痣病	禾黑痣菌 *Phyllachora graminis*	子座叶两面生，散生少数聚生，圆形、梭形或长条形，黑色，有凸起感，具光泽，周围有黄色或紫色晕圈。发病严重时，黑斑逐渐扩大连接成片，最后覆满整个叶片
	锈病	披碱草柄锈菌 *Puccinia elym*	主要侵染叶片。发病初期病斑小，随后在叶上面出现淡肉桂褐色至黄褐色的粉末状夏孢子堆。发病后期或生长季末，在叶下面产生暗黑色的冬孢子堆，被表皮覆盖。发病严重时整个叶片可被孢子堆覆盖
白羊草	锈病	塞萨特柄锈菌 *Puccinia cesatii*	主要侵染叶片。发病初期病斑小，随后在叶下面出现黄褐色的粉末状夏孢子堆，呈线形排列。发病后期或生长季末，在叶下面产生暗黑色的冬孢子堆
	黑粉病	须芒草团黑粉菌 *Sporisorium andropogonis*	花序和穗最初形成一个孢子堆，后薄膜破裂，散出黑粉，有时孢子堆被叶鞘包被
碱茅	锈病	短柄草柄锈菌-林地早熟禾变种 *Puccinia brachypodii* Otth var. *poae-nemoralis*	主要侵染叶片。发病初期病斑小，随后在叶上面出现橘黄色或黄褐色的粉末状夏孢子堆，散生。发病后期在夏孢子堆周围产生黑褐色的冬孢子堆
冰草	叶枯病	壳针孢 *Septoria*	发病初期从叶尖开始侵染呈斑点状、条状或网状，灰色、灰绿色和褐色。后期病斑逐渐汇合形成大斑
	锈病	隐匿柄锈菌 *Puccinia recondita*	主要侵染叶片。发病初期病斑小，呈黄色褪绿斑点，随后在叶上面出现肉桂色至黄褐色的粉末状夏孢子堆，少开裂，发病后期在叶下面夏孢子堆周围产生深褐色或暗黑色的冬孢子堆
扁蓿豆	白粉病	蓼白粉菌 *Erysiphe polygoni*	主要侵染叶片，最初叶两面形成白色粉状斑点，后期覆盖全叶，呈白色粉状霉层，上着生黄色、黄褐色或黑色闭囊壳
红豆草	叶斑病	茎点霉属 *Phoma*	中下部叶片先发病，初期病斑黄色，片状或不规则形，叶片向下卷曲，着生有少量红褐色点状物
	黑斑病	细交链格孢 *Alternaria tenuis*	叶片顶端及边缘形成黑褐色不规则病斑，着生黑色霉层即病原的分生孢子及分生孢子梗
草木樨	白粉病	豌豆白粉菌 *Erysiphe pisi*	主要侵染叶片，最初叶两面形成白色粉状小斑点，随后扩大覆盖全叶，呈白色粉状霉层，上着生黄色、黄褐色或黑色闭囊壳，后期叶片枯黄、卷曲，直至死亡

（续表）

植物	病害	病原	症状
风毛菊	锈病	风毛菊柄锈菌 *Puccinia saussureae*	初期在叶片正面出现淡黄色斑点，背面出现疱状突起，由白色变为淡褐色至黄褐色，表皮下即为病菌的冬孢子堆
苦苣菜	褐斑病	茎点霉属 *Phoma*	病斑主要生于叶片上，圆形或近椭圆形，轮廓不清晰，黑褐色；茎秆上病斑呈条形或不规则形，灰褐色
鹅绒委陵菜	紫斑病	细极链格孢 *Alternaria tenuissima*	危害叶片，病斑圆形或不规则形，淡青黄褐色，病斑背面生暗褐色霉层

1.2 栽培牧草病害

山西省种植的牧草主要有紫花苜蓿、饲用玉米、饲用燕麦和小黑麦。其中饲用燕麦主要在晋北地区和晋南高山地带种植，小黑麦主要在晋中和晋南地区种植，其余在全省均有种植。病害类型包括叶部病害（如叶斑病、叶枯病、锈病）、根腐病、鞘腐病、细菌性病害和病毒病。病害类型、病原、症状和危害详见表2。

表2 山西省栽培草地主要植物病害

紫花苜蓿	褐斑病	苜蓿假盘菌 *Preudopeziza medicaginis*	该病主要发生于叶上，病初期出现褐色圆形小点状的褪绿斑，边缘光滑或呈细齿状，互相多不汇合，病斑逐渐扩大。后期病斑上出现浅褐色盘状突起物，即子囊盘。茎上病斑长形，黑褐色，边缘整齐
	匍柄霉叶斑病	苜蓿匍柄霉 *Stemphylium botryosum*	高温型病斑卵圆形，稍凹陷，淡褐色向边缘呈扩散状暗褐色环带，外围具淡黄色晕圈，随病斑扩大出现同心环纹，低温型病斑淡黄褐色，形状不规则，边缘暗褐色，病斑小，约1mm
	炭疽病	毁灭炭疽菌复合种 *Colletotrichum destructivum* complex 平头炭疽菌复合种 *Colletotrichum truncatum* complex	主要危害植株茎秆，也会危害叶片。病斑椭圆至菱形，褐色边缘的病斑，随后分生孢子盘在病斑处表面形成，产生孢子。当病斑遍布整株，或横向扩大，绕茎秆围绕一周时，会导致茎秆顶端弯曲，渐渐茎秆上半部分萎蔫死亡，呈稻草黄色，形成“牧羊杖”形状
	叶枯病	苜蓿壳针孢 *Septoria medicaginis*	主要危害叶片，初期病斑近圆形，较小，褐色，后期逐渐扩大至近圆形或不规则形，灰白色至白色。病斑上着生黑褐色分生孢子器，病斑边缘呈褐色
	根腐病	镰刀菌属 *Fusarium*	感病植株地上部返青推迟，分蘖减少，植株稀疏，生长缓慢。发病后期植株部分枝叶萎蔫下垂，叶片枯黄、变紫，直至整株死亡。根部具有水渍状坏死斑，横切面出现变色坏，呈褐色至黑褐色

（续表）

燕麦	炭疽病	禾谷炭疽菌 *Colletotrichum cereale*	侵染叶片和叶鞘。初期呈水渍状，浅黄色，后期沿叶脉扩展形成梭形病斑且中央干枯撕裂，叶片尖端或边缘病斑呈不规则形，黄褐色至焦褐色。病斑两面着生分生孢子盘
	叶斑病	燕麦内脐蠕孢 *Drechslera avenacea*	主要侵染叶片。病斑初期呈水渍状，黄色至紫褐色，后期形成条形或长椭圆形病斑，中央灰白色至深褐色，边缘有黄晕。潮湿条件下病斑表面具霉层
	白枯病	稻瘟菌 *Pyricularia oryzea*	主要侵染叶片，病斑初期水渍状褪绿，后期逐渐扩展呈条形或梭形，白色至灰色，中间变薄甚至开裂。潮湿条件下病斑表面具霉层
	秆锈病	禾柄锈菌燕麦专化型 *Puccinia graminis* f. sp. *avenae*	初期侵染叶片，随着病情发展，大量叶鞘被侵染。夏孢子堆呈长条形，后期表皮破裂并外翻，产生大量橘黄色夏孢子，部分夏孢子堆周围产生黑褐色冬孢子堆
	细菌性条斑病	燕麦假单胞菌 *Pseudomonas striafaciens*	发病初期叶片出现水渍状小斑点，随后拓展形成白色至浅黄色条斑
	细菌性叶枯病	成团泛菌 *Pantoea agglomerans*	发病初期从叶尖端或边缘开始侵染，逐渐蔓延至整个叶片，病变部位呈白色至萎蔫、枯黄症状，表面无病原物
	红叶病	大麦黄矮病毒 *Barley yellow dwarf virus*	自叶尖叶缘向叶内基逐渐褪绿变紫红色，后期以叶尖向叶基变黄色后枯死，多数病叶的叶脉间组织变色快、早期形成紫绿色或紫黄色相间的条纹
	散黑穗病	燕麦黑粉菌 *Ustilago avenae*	主要侵染种子，整穗发病，个别中、下部穗粒发病，病状始见于花器，染病后子房膨大，致病穗的种子充满黑粉，后期破裂，散出黑色的厚垣孢子粉末，剩下穗轴
	坚黑穗病	燕麦坚黑粉菌 *Ustilago segetum*	孢子堆生在花序的全部小穗中，初期有薄膜包被，后期膜破裂，黑粉孢子散落露出穗轴
小黑麦	白粉病	禾本科布氏白粉菌 *Blumeria graminis*	发病初期病斑呈黄色小点，逐渐发展为病斑，呈椭圆形或圆形，表面有白粉状霉层，后期呈浅褐色，表面产生黄色至黑褐色闭囊壳。发病严重时霉斑成片甚至覆盖全叶，病斑组织褪绿、发黄、早枯
	赤霉病	镰刀菌属 *Fusarium*	发病初期穗上出现小黑点，随后迅速扩展至整穗，致使穗部完全凋枯，小花不结实。潮湿条件下，穗表面出现大量粉红色的霉状物或菌丝
	黄矮病	大麦黄矮病毒 *Barley yellow dwarf virus*	病叶出现黄化症状，病株严重矮化，不抽穗或抽穗很小

（续表）

饲用玉米	鞘腐病	镰刀菌属 *Fusarium* sp.	病斑初期为黄色、褐色或黑色小点，后逐渐扩展为圆形、椭圆形或不规则状斑点，多个病斑汇合形成黄色或黑褐色不规则形斑块，蔓延至整个叶鞘，致叶鞘干枯
	瘤黑粉病	玉蜀黍黑粉菌 *Ustilago maydis*	主要危害籽粒，幼嫩组织部位产生大小不一的病瘤，产生大量灰黑色的粉末
	大斑病	大斑凸脐蠕孢 *Exserohilum turcicum*	主要危害叶片、叶鞘和苞叶。一般从下部叶片开始发病，逐渐向上蔓延，严重时全株叶片出现病斑。病斑初期黄色水渍状，逐渐向叶脉两端扩展，形成暗黄色或者灰褐色梭形或者长梭形的病斑。病斑边缘颜色较深为暗褐色，中部颜色较浅为黄褐色或者灰青色。病斑上常着生灰黑色霉层

1.3 危害

1.3.1 叶部病害

叶斑病主要危害叶部，植株下部的老叶受害程度要高于上部的幼嫩叶片，病害发生严重时也会对茎秆、叶鞘甚至果实造成伤害。由于发病部位细胞组织坏死，光合作用受到影响，导致光合产物减少，给牧草产量和品质造成一定的损失。据测算，叶斑病造成牧草干草产量的损失在6%~28%，粗蛋白含量损失平均为25%左右。球壳孢菌、蠕形孢菌还能产生大量毒素，导致发病叶片快速变黄，对牧草的危害程度要大于叶斑病，尤其是豆科牧草叶片在染病后容易凋落，给草产量造成巨大损失，如苜蓿叶枯病造成鲜草产量的损失平均为60%。锈病、白粉病、黑粉病等活体寄生菌引起的病害，一般不直接杀死细胞组织，而是通过吸收寄主体内的营养生存，因此对牧草的危害较叶斑病和叶枯病要小，产量损失一般小于15%，粗蛋白损失小于10%。但严重发病时也大量消耗同化产物，破坏光合作用，导致植株生长受限，尤其是叶部孢子堆破裂后蒸腾作用增大易引起植株萎蔫甚至死亡。

1.3.2 根部和种子病害

当牧草根部被病菌侵染时，营养和水分的吸收受阻，导致地上植株生长发育受限，严重时造成植株死亡，引起大面积草地早衰和退化，对草地生产和生态功能造成不利影响。当发生种子病害时，则会影响种子的形成，破坏种子活力，造成种子减产。镰刀菌引起的赤霉病还能产生脱氧雪腐镰刀菌烯醇等呕吐毒素，家畜食用后可能中毒甚至死亡。

2 致灾规律

2.1 天然草地病害

天然草地是由丰富的植物、动物和微生物组成的生态系统，各生物体通过长期进化形成了稳定的物种共存关系，在维持生态系统功能及稳定性方面发挥积极作用。天然草地通过自身调节机制，如通过其他物种的物理隔离和对寄主植物的稀释作用对病害进行负向调节，物种内部频繁的基因交流和遗传漂变也有助于维持寄主稳定的群体抗性等，从而将病害的危害控制在经济阈值以下。但由于病原载荷具有显著的寄主密度依赖效应，以及气传病害对降雨、温度等气象条件的响应强烈，使得受气候变化和人类生产活动影响较为明显的区域病害呈暴发流行趋势。

叶斑病、叶枯病等由兼性寄生真菌引起的病害，初侵染源主要来自病株残体、种子或土壤，对温度、湿度等环境条件的要求相对宽泛。当病原接触到寄主植株时即开始侵染发病。锈病、白粉病等由活体寄生真菌引起的病害，需要完成不同孢子阶段的生活史才能侵染寄主植物，且对温度和湿度的要求较高，发病时间相对要晚一些。如山西省天然草地植物的叶斑病一般在 5 月中下旬开始发病，7 月下旬至 8 月上旬病情达到峰值，而锈病则在 7 月上旬开始发病，直至生长末期病情才达到峰值。在丰雨年份，锈病、叶斑病容易暴发流行，而在相对干旱、高温的年份，白粉病、黑粉病以及一些炭疽病等叶斑病的发生较为严重。

在进行放牧、刈割等草地利用的区域，病害发生情况较为复杂。放牧强度高时，牲畜啃食牧草形成大量伤口，叶斑病、叶枯病发生程度增加。具有较强腐生性的病原，如蠕形菌、链格孢等通过牲畜排出的粪便进行大量繁殖，加重此类病害的发生程度。相反，一些明显依赖寄主密度才能流行的病害，如锈病、黑粉病、白粉病等，由于牧草被啃食，病害的发生反而受到抑制。

2.2 栽培草地病害

栽培草地病害的发生主要受种植模式和田间管理措施的影响。单播、连作以及高密度种植的牧草病害频发且危害严重，而混播、轮作在一定程度上能减轻牧草病害的发生。通过连续 5 年的病害调查发现，饲用燕麦种植田的炭疽病病情指数峰值始终高于 50%，当植株密度大于 350 株/m^{2}时，病情指数最高可达 80%以上。在山西大同开展的豆禾混播研究表明，饲用燕麦与箭筈豌豆混播种植时，炭疽病、叶枯病和锈病的病情指数较单播燕麦降低了 11%~82%。此外，在采用漫灌、喷灌的牧草种植田，一些对水分敏感的病害发生程度显著上升，尤其是细菌病害，如玉米鞘腐病、饲用燕麦条纹叶枯病等的发病率最高达 100%。

山西省的苜蓿种植田病害发生普遍较轻，一年刈割 3~4 茬的苜蓿田主要病害是根腐病和叶枯病，尤其是灌溉田易造成病菌传播，加重发病根系的腐烂程度。山区旱作种植超过 3 年的苜蓿田，炭疽病和黑茎病的发生程度呈上升趋势，在丰雨年份，匐柄霉叶斑病呈暴发流行特点。近年来，小黑麦等新型牧草的种植面积逐年增大，病害问题不突出，但在干旱高温年份，通过昆虫传播的病毒病发生普遍，病田率最高达 80% 以上，病叶率在 30%～50%。随着病原的积累，白粉病、赤霉病的流行风险增大。

3 防治技术

3.1 天然草地病害防治

目前，山西省天然草地病害整体发生程度较轻，仅赖草、羊草、委陵菜等少数牧草的叶斑病在局部地区呈现暴发流行的特点，造成草地退化。对于此类病害，可以采用适度放牧或割草的方式控制病情。在物种单一，尤其是无性繁殖能力较强的赖草、白羊草、胡枝子等草地，应通过混播改良等方式改善群落结构，增强防御病害的能力。

3.2 栽培草地病害防治

鉴于草地自身的特点及生态、经济、环境和食品安全等属性，在进行病害防控时应采取以利用抗性品种为核心，生态防治为基础，生物防治和化学防治为辅助的综合技术，以实现草产业的绿色、可持续生产。

目前，已筛选出对饲用燕麦（表 3）和紫花苜蓿（表 4）多种病害具有抗性的品种，在病害暴发流行的区域应优先推广种植。如多种病害复合发生，应选择不同抗性品种按照 1∶1 比例的播量进行混播。

表 3　饲用燕麦抗病品种

炭疽病	叶斑病	白枯病	秆锈病	黑粉菌
牧乐思、萨摩、甜燕 3 号、牧达、莫妮卡	燕王、美达、摄政王、陇燕 1 号、陇燕 2 号、白燕 14 号、林纳等	特牧、理查德、青海 444、凯撒、林纳、贝利、爱沃、蓝鸟 1 号、速锐、甜燕 3 号、萨摩、青甜 2 号	水晶 22、圆粒莜麦、老莜麦、大莜麦	陇燕 2 号、陇燕 3 号、坝燕 3 号、青引 2 号、白燕 7 号、张燕 7 号、甜燕麦、太阳神、英迪米特等

表 4　紫花苜蓿抗病品种

炭疽病	根腐病	褐斑病
中苜 3 号、陇东苜蓿、WL232HQ、Pointer、Cyclone 等	中苜 3 号、陇东苜蓿、中兰 1 号、新牧 1 号、WL232HQ、Badger 等	中苜 3 号、陇东苜蓿、中兰 1 号、新牧 1 号、Apex、Baron、Caliverde、Delta、Rambler、Scout、WL232HQ、WL252HQ 、WL324

种植牧草时，应合理密植，适当控制水肥条件，以减轻病害的发生程度。如饲用燕麦播种的最佳行距应为 15～20 cm，灌溉田和旱地用种量分别为 150 kg/hm^2 和 225

kg/hm²。施用肥料后，土壤速效氮含量应保持在80~90 mg/kg，土壤速效钾含量保持在120 mg/kg以上。如需灌溉，在出苗期、拔节期和灌浆期各灌溉1次即可。苜蓿田一定要严格控制灌溉次数和灌溉量，灌溉间隔根据降水情况以7~10 d为宜。

由于山西省饲用燕麦病害常年暴发流行，需及时采取应急防治措施以减轻对生产的影响，主要以喷施杀菌剂为主。炭疽病使用25%吡唑醚菌酯悬浮剂2 000~3 000倍液进行叶面喷雾，叶斑病和白枯病使用枯草芽孢杆菌活菌剂300倍液或氟唑菌酰羟胺2 000~3 000倍液进行叶面喷雾，锈病和黑粉病使用43%戊唑醇悬浮剂1 000~2 000倍液进行叶面喷雾，细菌性病害使用3%中生菌素可湿性粉剂250倍液进行叶面喷雾。喷施应在无风晴天的傍晚进行，间隔14 d再次喷施，生长季内连续喷施次数不超过3次。此外，蚜虫等虫害发生严重时，使用1%苦参碱可溶液剂1 200倍液或0.65茴蒿素300倍液进行叶面喷雾，以有效控制病毒病的发生。

参考文献

高鹏，刘琳，刘昀鑫，等，2021. 不同作用机制杀菌剂对燕麦炭疽病病菌的室内毒力测定［J］. 草业科学，38（9）：1737-1744.

高鹏，魏江铭，李瑶，等，2021. 山西省大同市早播饲用燕麦叶部真菌病害病原鉴定及影响因素分析［J］. 草业学报，30（6）：82-93.

山西省林业和草原标准化技术委员会，2023. 燕麦草叶部主要真菌病害监测技术规程，DB14/T 2854—2023.

石永红，高鹏，方志红，等，2023. 15个进口饲用燕麦品种炭疽病的抗病性评价及损失分析［J］. 草业学报，32（9）：130-142.

涂雄兵，杜桂林，李春杰，等 . 2015. 草地有害生物生物防治研究进展［J］. 中国生物防治学报，31（5）：780-788.

以现代草业为抓手打造雁门关农牧交错带示范区

乔　栋　邓永攀

（朔州市草牧业发展中心）

摘要：朔州市作为整市推进的草牧业试验试点市，草畜资源十分丰富。多年来，朔州市坚持以发展现代草业为抓手，坚定实施“特”“优”战略，立足区位优势、资源禀赋和产业基础，建立并健全了多个现代草产业链条及优质牧草基地。朔州市通过形成草畜结合、种养加结合、种草帮扶等多种发展模式，持续做大草产业、做强草食畜牧业，但是，在发展中仍存在对草牧业认识不足、机械化水平不高、饲草季节性短缺等问题。对此，本文提出了3点建议：一是加大机械购置扶持力度；二是建立国家牧草储备基地；三是加强土地流转政策支持。

关键词：朔州市；现代草业；草畜结合；发展模式；建议

引言

朔州市耕地资源丰富，全市拥有618万亩可耕地资源、282万亩天然草场，奶牛业占据山西省的“半壁江山”，肉羊出栏量占全省的1/4，是山西省草食畜牧业最发达的地区和人均耕地最多的地级市。2015年，朔州被农业部确定为全国唯一整市推进的草牧业试验试点市。多年来，朔州市坚持以发展现代草业为抓手，坚定实施“特”“优”战略，立足区位优势、资源禀赋和产业基础，走出了一条立草为业、牧业发达、农牧融合、特色高效的路子。“雁门粮仓”草茂奶香、粮丰肉足，雁门关农牧交错带示范区建设成效显著。草业科学专家、中国工程院院士南志标曾给予高度评价：“朔州作为草牧业试点市，为全国草牧业发展做出了突出贡献，我们曾就朔州经验向中央做了汇报。”

1　建设成效

1.1　现代草产业链条比较完整

朔州市坚持以农业供给侧结构性改革为主线，聚焦破解优质饲草料资源约束，以粮改饲、草牧业试点、优质高产苜蓿等支持政策为依托，创新开展草业革命，全株青贮玉米、苜蓿、燕麦草三大牧草成型成势，形成了较为完整的产业链条。全市牧草生产耕种收基本实现了全程机械化，形成了以全省最大的饲草企业“山阴骏宝宸”为链主，10个饲草龙头企业、160多个牧草社会化服务组织为主体，集山西省草业科技创新联盟、省级饲草交易平台、省饲草产业研究院为一体的饲草产业链条，牧草产品除供应本地外，还销往四川、内蒙古、陕西等地。

1.2 优质牧草基地已经成形

朔州市坚持好草产好奶好肉，科学规划布局，做大草产业。平川四县区重点发展全株青贮玉米和苜蓿种植，山区平鲁区和右玉县重点发展燕麦草种植。截至2022年底，全市优质牧草面积发展到95万亩，是2014年的5倍多，饲草总产量约186万t，面积和产量均居全省第一，饲草面积占雁门关农牧交错带示范区的45%。全市建成了一批规模化、专业化优质饲草料生产基地，千亩以上的苜蓿生产基地发展到38家、燕麦草生产基地29家。草业总收入达10亿多元，草业已成为朔州市农民增收致富的新兴产业和一张名片。

2 主要做法

朔州市具有发展草牧业的良好条件，经过多年努力，草牧业在数量规模上走在山西省前列，但转型升级、提质增效的问题十分突出。为此，全市抓住国家政策机遇，树立大农业观、大食物观，突出发展草、牛、羊三大“特、优”战略，优化资源配置，种养整体布局，农牧同步推进，做大做强区域性优势产业和地方性特色产业，多途径增加农民收入。

2.1 坚持为养而种，做大草产业，着力优化种植结构

为养而种，以畜定草，不断优化种植结构，是朔州市的一条基本经验。首先挺起了饲草种植这个龙头，保粮增饲。多年来，依据朔州实际，坚持先易后难，朔州草产业实施“三步走”战略。第一步，率先在全株玉米青贮发展上取得突破。2022年，全市全株青贮玉米种植面积达50万亩，全株玉米青贮总量达130万t，是2015年的4倍多（图1），基本实现了牛羊饲喂全覆盖。第二步，在苜蓿和燕麦草种植上取得突破。燕麦草种植面积达23万亩，苜蓿留床面积22万亩，干草年产量分别达到6万t、8万t。牧草加工服务组织33家，拥有收割机械310台套。第三步，在牧草储备基地建设上取得突破。朔州市毗邻内蒙古草原，每年从草原引进羔羊近300万只，与草原有着千丝万缕的联系，近年开始着手建设的3个万吨牧草储备基地为草原供草，强化了与草原的交流，深入推进了结构调整工作。种植全株玉米每亩比籽粒玉米增收200~300元，种植燕麦草比食用燕麦每亩增收150~200元，种植苜蓿每亩可实现纯收入1 000~1 500元。2023年朔州市牧草主要品种统计表如表1所示。

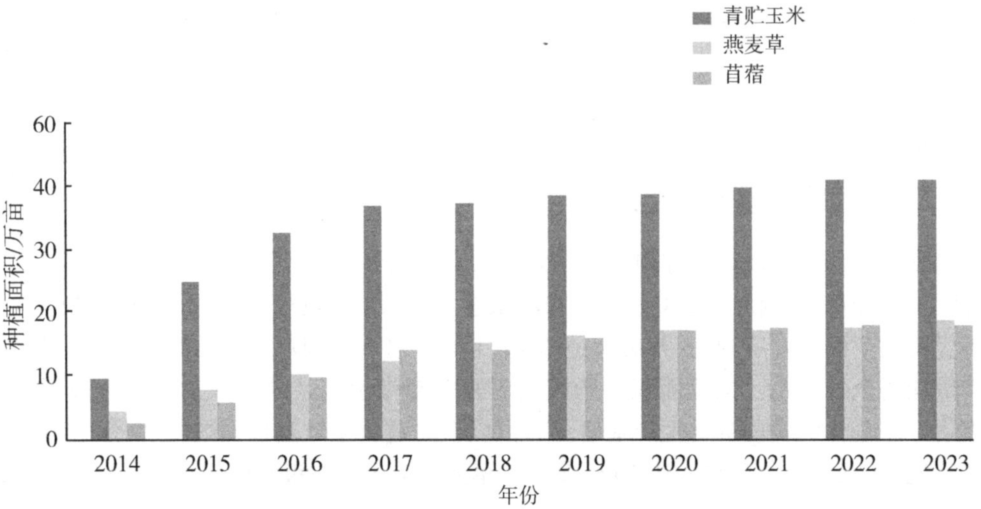

图 1　2014—2023 年朔州市牧草种植面积统计

表 1　2023 年朔州市牧草主要品种统计表

	朔城区	平鲁区	山阴县	怀仁市	应县	右玉县
青贮玉米	豫青贮 23 号 高能玉米 普通籽粒玉米 太育 9 号 雅玉 8 号 北试 1402 晋玉 811 铁 391	利合 328 科沃 028 金珠 1 号 龙源 6 号	太育 9 号 强盛 199 中地 159 利合 228 利合 328 迪卡 159 科沃 674	先锋系列 太育 9 号 丰丹 189 m99 裕丰 612 辽单 577 翔玉 998 东单 1331 晋单 73 瑞普 909	铁 193 K 玉 988 先锋系列 西蒙 1573 稼农 3169 祥玉 218 禾众玉 利禾 1 号 松玉 33 东单 1331 大丰 636 金玉 299 宏 8701	利合 228 利合 721 迪卡 A6565
燕麦草	贝勒 2 科纳 燕王 本地品种	伽利略 莫妮卡 本地品种	牧王 科纳	科纳	凯撒 牧 乐思	牧王 牧乐思 本地品种
苜蓿	WL298 WL168 中苜 1 号 中苜 3 号 德国大叶	斯贝德 驯鹿 宁苜 1 号 偏关苜蓿	传奇 耐盐之星 巨能 7 号 塔苜 F5 北极熊	SR4030 SK3010 巨能 995 乐寒 擎天柱	牧歌 驯鹿 中苜 3 号 塔苜 F5 传奇	金皇后 中苜 3 号

2.2 坚持草畜结合，做强草食畜牧业，着力推进提质增效

草畜结合、以草促牧，牛羊养殖大量饲喂优质牧草是扩大种草面积、调优种植业结构和牛羊养殖提质增效的关键所在，更是搞好草牧业发展的关键点。牵住这个“牛鼻子”，就会起到事半功倍的效果。目前，雁门关农牧交错带示范区建设草牧业产业体系基本形成。全市奶牛存栏达 17.05 万头、建成标准化养殖园区 713 个，其中奶牛园区 128 个、肉羊园区 389 个，90%的成母牛、70%的肉羊实现了规模养殖，形成了现代化奶牛产业带和现代化肉羊产业带。在结构调整中，全市以现代化奶牛产业带和现代化肉羊产业带为轴心，大力发展牧草种植，不断推广科学饲喂方式，打通种养循环通道。全株玉米、苜蓿、燕麦草的饲喂量分别达到 120 万 t、5 万 t、3 万 t。营养结构的改善使得牛羊养殖提质增效明显，鲜奶、羊肉品质明显提升。仅种草一项，每年一头奶牛可节约成本1 000元；每出栏一只羊可节约成本 20 元。到 2022 年年底，全市奶牛存栏达 17.05 万头；鲜奶产量达 62.16 万 t，比 2014 年增长 17 万 t，增幅达 37%；肉羊出栏 450 万只，比 2014 年增加 31%。

2.3 坚持种养加一体化，一二三产业融合，着力促进农牧结合循环发展

龙头企业发挥着连接市场与农户的桥梁纽带作用，是优化农业产业结构，将畜牧业产业优势转化为市场优势的重要引擎。朔州市通过草牧业试点，整合优势资源，加快培育新型草畜生产经营主体，推进草畜产品精深加工，打造草牧业种养加全产业链，发展畜产品加工龙头企业 40 多家，形成了年加工 100 万 t 鲜奶、600 万只肉羊、600 万张羊皮、100 万副肠衣、20 万 t 有机肥的生产能力，辐射带动了上游草产业和奶牛肉羊产业的发展。另外，大力推行种养结合的循环农业。加大农业生态环境保护力度，支持全市规模养殖场建设粪污处理和资源化利用设施，支持有机肥加工厂建设，推进粪肥还田，减少化肥用量，有效改良了土壤质地，防止了环境污染。同时，通过将玉米全株青贮后饲用，全市共减少了秸秆产生量 30 万 t，实现了以牧肥田，农牧结合，种养循环，实现了农牧业的良性互补。

3 发展模式

坚持政府引导、需求拉动，调动市场主体收储和使用优质饲草的积极性，依靠市场机制优化种植结构，是现代草牧业可持续发展的动力。

3.1 草畜结合模式

养殖企业+牧草基地，草畜结合是实现农牧良性循环的有效选择。鼓励引导大中型奶牛场（园区）、肉羊园区采用此模式，自种自养，通过租赁、承包、公司+农户等土地流转方式运作。此种模式占比约 60%以上。既能为养殖业提供牧草，又能为种植业提供优质有机肥。川区大中型奶牛、育肥羊为主的规模养殖场区，对平整且具有灌溉条件的土地进行整合，种植青贮玉米、苜蓿，自产牧草，解决优质牧草短缺问题，降低成

本；同时将粪污还田，培肥地力。山坡区以肉牛、生产母羊为主的家庭牧场、规模养殖场区，则建设饲草基地和放牧草场，实现草畜一体化。目前，全市种植苜蓿1 000亩以上的养殖园区有56个，种植燕麦草1 000亩以上的养殖园区27个。山阴佳联奶牛场、应县玉收奶牛场均种植苜蓿3 000亩，右玉祥和岭上羊场种植燕麦草1万亩，是此模式的典型示范。

右玉县祥和岭上牧场，利用半农半牧区地多人少的优势，将山坡地部分改种燕麦草1万亩，部分进行轮牧。优质饲草结合划区轮牧，增肥地力，涵养生态，实现科学、可控、标准化饲养，打造优质羊肉品牌，形成了独具特色的生态养殖模式，达到了“万只羊、万亩地”的规模。

3.2 专业化种收储模式

由专业草业公司或农民经济合作组织，采用土地流转、农民土地入股等形式，开展集中连片种草、收购、加工、储运、销售、提供牧草种植饲喂技术等一条龙服务，充分发挥其专业化、标准化、机械化优势，这是目前朔州市正在培育的，也是今后草产业发展的方向（图2、图3，附录彩图19、彩图20）。此种模式占比15%~20%。右玉县农丰农业发展有限公司种植苜蓿6 000亩，年收储销售0.5万t。朔州市骏宝宸农业科技有限公司种植苜蓿等优质牧草8 600亩，年可收储销售裹包苜蓿2万t以上。这些专业草业公司已与多个养殖场签订了优质牧草和粪肥互相供应协议，建成了草畜联盟，正在开展一对一的对点服务，由公司提供苜蓿及饲喂技术，养殖场提供粪肥用于种草。

图2　专业化种收储模式1

图3　专业化种收储模式2

怀仁市奔康牧草开发有限公司拥有千头奶牛牧场，在自有的2 000亩土地上种植青贮玉米，粪肥还田，改良沙化地，使亩产由1.5 t提高到4 t。公司还组建了集牧草种植、开发、收储、加工、销售为一体的大型牧草产业联盟，流转、租赁土地1万亩种植苜蓿，实现苜蓿进口替代，开展区域内牧草种植、加工、销售、储运等专业化社会化服务。

3.3 社会化生产服务组织与农户种草结合模式

牧草生产服务组织通过草业订单收购农民所种牧草，实现企业+农户的草业发展模式（图4，附录彩图21）。机械、草库等资源共享，解决了农户发展草业的困难，也可以克服大面积整合土地所遇到的困难，促进草业发展与农民致富双赢。最终实现牧草专业化生产、市场化经营。此种模式占比约10%。

图4　社会化生产服务组织与农户种草结合

朔城区助农农机专业合作社带领30多户村民共种植苜蓿1 200多亩，购买机械，种植‘中苜三号’。《人民日报》曾报道：朔城区滋润村农民选择种苜蓿。村里的助农合作社理事长张成厚说：“我们这里盐碱地多，种地不打粮，而种苜蓿一亩补贴600元，一次下种能收6年。”春播前，合作社种了600亩苜蓿，到年底，平均亩产干草1 000斤，每斤售价1.2元，高于玉米收益。老张看好牧草前景：“明年到盛产期，亩产还能翻一番！”

3.4 种养加结合模式

养殖企业+牧草生产服务组织+饲草种植合作社（户），大型养殖企业对牧草需求大，牧草生产服务组织与养殖企业签订牧草供销合同，再与种植户签订牧草收购合同。这种模式解决了牧草种植加工的盲目性，调动了牧草收购加工社会化服务组织的积极性，也保证了农民利益，形成大型企业带动、新型经营主体推动、广大种植户参与的联动经营机制，三方利益一致，风险共担，实现牧草产业种养加一体化（图5，附录彩图

22）。此模式占比约5%。

图5　种养加结合模式

应县优然牧场拥有山西省最大的青贮窖，其牧场群3个牧场养殖奶牛3.3万头。公司每年通过牧草社会化服务组织与周围农民签订订单种草，就地直接转化籽粒玉米8万亩，年收贮全株青贮玉米24万t，去籽粒玉米产能0.56亿kg，带动农户增收1.2亿元。

3.5　种草帮扶模式

将牧草种植与农业结构调整、巩固拓展脱贫攻坚成果、乡村振兴有效结合。以实施草牧业政策为抓手，发挥草业在山区、相对落后地区分布广，适宜种植的优势，进一步发挥草牧业的产业帮扶致富功能。政府部门或养殖企业，与当地拥有土地的农户签订产业帮扶协议，鼓励动员农户种植适合当地的牧草草种，提供合同订单、技术服务，实行种养结合，帮助寻找销路，保障农户利益（图6，附录彩图23）。此种模式占比3%～5%。

图6　种草帮扶模式

应县扶贫办、畜牧局与白马石乡政府联合实施“两头驴+五亩草+户均增收1万元”扶贫帮扶计划，白马石乡界河村新增大畜68头，收储燕麦草500余t，48户贫困户当年脱贫。

4 面临的挑战

多年来，朔州市在优质苜蓿青贮、高湿玉米推广、打通草畜通道等多个制约草牧业发展的关键点进行攻关，取得了显著成果。但是，在发展中也遇到了一些亟待解决的问题。

4.1 牧草收获加工机械和牧草收储干草棚短缺

随着牧草种植面积不断扩大，收获加工机械及牧草收储干草棚短缺，已成为草产业发展的两大瓶颈。苜蓿、燕麦草加工时效要求高，必须尽快保存，否则雨淋日晒后极易腐败变质，干草棚是草产业的一个重要环节，可避免牧草直接受风吹、雨淋、日晒，防止牧草营养价值降低、变质甚至发霉。同时，1 000亩苜蓿需投入100多万元的收获设备，再加上牧草机械使用期相对较短，经济上不合算，牧草种植户无力承担。出现了牧草种得下、长得好、收不回、没处放的尴尬境地，造成了很大的经济损失，挫伤了农民种草的积极性。

4.2 创建与草原融合互补共赢的草畜联动机制

朔州市紧邻内蒙古草原，创建与草原融合互补共赢的草畜联动机制，是践行农牧交错带和草牧业发展战略的重要方面。近年来，推行“牧繁农育”，每年从内蒙古草原输入羔羊300万只，发展肉羊产业，形成年出栏450万只的优质羔羊基地，减轻约3 000万亩草场压力。但是内蒙古因夏季干旱、冬季雪多引发的牧草短缺现象时有发生，仍无法有效解决内蒙古大牧区饲草季节性短缺的问题。

4.3 对草牧业思想认识还不到位

草牧业是一项系统工程，要改变传统的种植业结构，也要转变传统的牛羊养殖方式。突破传统和习惯也是一个艰难的工程，不仅是部分群众认识不足，也有一些干部认识不到位，例如，认为耕地种草大多数是低产田，肉羊育肥依然饲喂“秸秆+谷物”，这是认识不到位、重视程度不够的体现。

这些是目前朔州草牧业发展过程中遇到的困难和问题，也是今后草牧业发展的潜力所在。

5 对策和建议

5.1 加大牧草机械购置和干草棚建设扶持力度

据摸底，朔州市拥有一定规模、愿意继续投资发展的牧草机械化服务组织有12家，拥有总动力 1.5 万马力，年收获加工能力 1.5 万亩左右；需投资 5 000多万元，配套购置收获加工机械 150 台（套），可解决全市 8 万亩牧草收获加工问题。建议加大对牧草机械购置的扶持力度，支持牧草机械化社会服务组织建设；同时，按照京津风沙源工程建设补助标准，加大干草棚建设扶持力度，每平方米财政扶持 150 元。

5.2　在朔州建立国家优质牧草储备基地

在“牧繁农育”的基础上，推行“农种牧用”。充分利用耕地资源丰富、适宜牧草种植的有利条件，在朔州建设国家级 10 万 t 优质牧草储备基地，向内蒙古草原输出各类牧草，弥补内蒙古牧草不足的问题，实现两地优势互补，具体为全市建设 10～15 个牧草储备库，其中燕麦草储备库 10 个、苜蓿草储备库 5 个。建议国家政策在牧草储备库建设上给予扶持。

5.3　加大人工种草土地流转政策支持

土地流转是困扰社会力量人工种草的重要问题。特别是苜蓿产业，需要高水肥的良田，需要集中连片的土地进行机械化现代化作业。近年经验告诉我们，应该用好地来种植苜蓿，抓好产业链条的每一个环节，不然就会形成木桶效应。建议政府加大种植优质牧草宣传力度，规划牧草规模种植试点，协调解决土地流转，加大土地政策支持。

麦后复播青贮玉米适用品种筛选及配套栽培技术示范

刘建宁[1]　方志红[1]　侯东来[2]　张　婷[2]　石永红[1]　池惠武[1]

（1. 山西农业大学；2. 山西省畜牧技术推广服务中心）

摘要： 晋南盆地光热水资源丰富，其水浇地以冬小麦+玉米一年两作种植制度为主，适合麦后复播饲草的耕地 32.13 万 hm^2，麦后复播青贮玉米等优质饲草的发展空间较大。本文简要分析了山西省麦后复播青贮玉米生产现状及问题。在总结山西省农业主推技术“麦后复播青贮玉米深松密植高产技术”的基础上，提出了晋南麦后复播青贮玉米的适宜品种筛选、土壤深松、配方施肥、密植播种、节水灌溉、病虫草害防治、适时收获等高效生产配套技术体系。2023 年核心试验点种植的‘京科 968’和‘东单 1331’等玉米品种青贮饲料产量达 49.4 t/hm^2，2022 年和 2023 年山西省麦后复播青贮玉米推广种植面积分别为 1.12 万 hm^2和 1.8 万 hm^2，平均产量为 37.5 t/ hm^2，地头平均收购价为 475 元/t，收入为 10 237.5元/hm^2，比当地同等生产水平的籽粒玉米多收入2 812.5元/hm^2，经济效益显著。麦后复播青贮玉米模式完全符合当地资源禀赋和循环农业发展需要，推广应用前景广阔。

关键词： 晋南盆地；复种；青贮玉米；品种筛选；高产栽培

引言

山西省是我国“粮改饲”试点省份之一。在草牧业及“粮改饲”政策和项目的引领和助推下，以青贮玉米为主的“粮改饲”示范推广面积稳步增长。2018 年以来全省青贮玉米收获面积稳定在 9.33 万~9.67 万 hm^2，青贮玉米种植和加工企业的分布大致与牛的饲养量一致，80%以上分布在北部和中部牛羊饲养量大的大同市、吕梁市、朔州市、忻州市、晋中市等 5 个市，南部和东部的运城市、临汾市、晋城市、长治市等 4 个市仅占全省的 19.01%。全省草牧业发展南北不平衡，南部地区草牧业短板严重。运城市、临汾市、晋城市等地光热及水土条件好，耕作制度以“冬小麦+夏玉米”一年两作为主，适合麦后复播饲草的耕地达 32.13 万 hm^2，麦后复播青贮玉米等优质饲草发展空间较大。为充分发挥北部地区饲草龙头企业技术、机械优势和南部光热、土地资源优势，2022年山西省农业农村厅出台了《2022年山西省饲草产业“南北互补、粮草兼顾、农牧循环”模式推广工作方案》和《山西省“十四五”饲草产业发展规划》，在南部地区开展麦后复播饲草技术示范，建设优质饲草生产基地。

目前，国内同类地区有关春播青贮玉米品种筛选、高产栽培、高效收割利用方面的研究报道较多，技术比较成熟，但有关麦后复播青贮玉米品种筛选及配套栽培技术的研究较少。2022年以来，“麦后复播青贮玉米深松密植高产技术”被山西省畜牧技术推广服务中心和山西省牧草产业技术体系列为重点研发和示范内容，2022年和2023年被列为山西省农业主推技术。2022年至今，本研究在运城市、临汾市的“冬小麦+夏玉米”一年两作区开展了麦后复播青贮玉米品种筛选试验，以生态适应性、生产性能和营养品质为主要评价指标，同时兼顾株高、穗位高、茎粗、绿叶数、黄叶数、果穗长、果穗直径、茎叶果穗构成等农艺性状，筛选出适宜在晋南麦后复播的青贮玉米品种，并集成了涵盖灭茬整地、土壤深松、配方施肥、抢时播种、合理密植、田间管理、适时收割等成套麦后复播青贮玉米深松密植高产栽培技术，为山西晋南地区及国内同类地区麦后复播青贮玉米的高效生产提供技术支持。

1　山西省麦后复播青贮玉米现状及问题

山西地处黄土高原东部，气候干旱，光照充足，昼夜温差大，比较适宜玉米的生长，是我国玉米主产省份之一。山西省玉米种植面积在2015年达到峰值189.448万hm^2，之后因国家“镰刀湾”种植结构调整有所减少，2019年玉米种植面积171.504万hm^2，产量在939.37万t，分别占山西省粮食种植面积和产量的54.86%和68.98%。依据气候条件分类，山西省的玉米种植可划分为春播中晚熟玉米区、春播中熟玉米区、春播早熟玉米区、春播特早熟玉米区、复播早熟玉米区、复播中熟玉米区，复播玉米主要分布在山西省的东、南部地区，全省每年复播玉米的种植面积约为42万hm^2。

2012年山西省青贮玉米种植面积7.39万hm^2，之后几年种植面积持续增加。2015年国家中央一号文件重点提及“粮改饲”政策后，山西省青贮玉米种植面积更是达到了14.92万hm^2，2017年以后青贮玉米种植面积理性回归，下降至9.59万hm^2。2018年以来山西省青贮玉米收获面积在9.33万~9.67万hm^2，青贮玉米种植和加工企业的分布大致与牛的饲养量一致。2017年年末北部和中部的大同市、吕梁市、朔州市、忻州市、晋中市5个市牛的存栏量占全省的81.33%，南部和东部的运城市、临汾市、晋城市、长治市4个市仅占全省的19.01%。青贮玉米种植和加工企业80%以上分布在大同市等北部和中部牛羊饲养量大的5个市，运城市等南部和东部地区占比很低。运城市2020年夏播玉米种植面积24.27万hm^2，其中籽粒玉米占99.05%，青贮玉米1 650 hm^2，仅占0.68%。全省草牧业发展南北不平衡，南部地区草牧业短板严重。据统计2022年和2023年山西省麦后复播青贮玉米的推广种植面积分别为1.12万hm^2和1.8万hm^2，青贮饲料平均产量为37.5 t/hm^2，麦后复播青贮玉米实现了跨越式发展。

2 麦后复播青贮玉米品种筛选

2.1 品种筛选原则

晋南复播青贮玉米生长期间（6—9 月）高温、旱、涝、风、冰雹等自然灾害及病虫害频发。选择生育期适中、抗逆抗病、抗倒伏、耐密植、稳产丰产、品质优良的品种是青贮玉米夏季高产稳产、高效优质的基础。因此应遵循以下品种选择原则。

2.1.1 生育期适中

晋南冬小麦+夏玉米一年两作区，冬小麦一般于 10 月上旬播种，翌年 6 月中旬收获，全生育期250 d左右，留给夏玉米的生长期为95~115 d。复播青贮玉米一般应选择生育期95~115d 的品种，生育期较长的品种增产潜力大，产量高；生育期短的品种易早衰，产量低。必须确保青贮玉米收获时达到乳熟末期至蜡熟期，确保不耽误冬小麦正常播种。如果小麦收获较早，在 6 月 15 日前玉米可以播种的，就应选用生育期较长的品种；如果小麦收获较晚，或者由于不能及时浇水导致玉米播种晚于6 月 20 日的，则应选用生育期稍短的品种。

2.1.2 抗旱抗倒伏

晋南复播青贮玉米生长前期（7—8 月）一般天气干旱高温，容易导致玉米生长前期受旱，抽雄期受旱及高温影响生长及产量；后期（9 月）一般天气多雨多风，生长期受到风雨袭击易发生倒伏，每年玉米因倒伏造成的产量损失为5%~25%，倒伏不仅会导致减产，还会影响机械收割。在品种选择上一定要考虑品种的抗旱耐热性及抗倒折性，即要选择根系发达、气生根多、茎秆粗壮韧性好、叶片宽厚、穗位高度适中的品种。

2.1.3 抗病虫害

晋南夏播玉米易发矮花叶病，大小斑病、丝黑穗病、青枯病、叶枯病也经常发生，顶腐病近年也有上升趋势。长期连作及大量秸秆还田导致玉米螟和地下害虫比较严重。病虫害不仅影响产量，严重时还会导致霉菌毒素超标，影响青贮饲料品质。因此在品种选择上一定要考虑抗病虫性，用包衣技术不能解决的病虫害，引种时必须慎重，以免给生产带来损失。

2.1.4 耐密性好

晋南夏播青贮玉米要获得高产，必须选用紧凑耐密型品种，通过提高群体密度，增大叶面积系数，提高产量。

2.2 品种筛选试验结果

目前有关晋南麦后复播青贮玉米品种筛选试验未见报道。2023 年，山西省牧草产业技术体系在运城市临猗县开展了“晋南地区麦后复播的高产优质青贮玉米品种筛选试验示范”，收集引种‘郑单 958’、‘强硕 88’、‘京科 968’、‘良玉 99’、‘迪卡 517’、‘MC121’、‘东单 1331’、‘中地 159’、‘京科 932’、‘金岭 368’等 10 个玉米品种。以生态适应性、生产性能和营养品质为主要评价指标，同时分析比较了株高、穗位高、茎粗、绿叶数、黄叶数、果穗长、果穗直径、茎叶果穗构成比例等农艺性状，结果表明，‘金岭 386’鲜草产量达 52.05 t/hm^2，但其穗位高，达到 1.33 m，倒伏比较严重。‘东单 1331’和‘京科 968’次之，分别为 49.95 t/hm^2和 49.8 t/hm^2，‘金岭 386’、‘东单 1331’和‘京科 968’三者之间差异不显著，但均与其他 7 个品种差异显著。参试的 10 个品种干物质、淀粉含量均达到“双 30 标准”，均达到国家青贮玉米品质一级标准（NDF≤45%，ADF≤23%，ST≥25%，CP≥7%）。从青贮饲草产量和品质两方面综合比较，‘京科 968’、‘东单 1331’2 个品种适宜在晋南麦后复播。鉴于目前有关晋南麦后复播青贮玉米品种选择的依据有限，建议参考晋南夏玉米品种试验结果，选用‘丰黎 2008’、‘宏育 203’、‘晋单 52’和‘晋单 63’等适宜晋南地区冬小麦+夏玉米一年两作的玉米品种，也可选用适宜晋南、晋东南种植的青贮玉米品种。

3 麦后复播青贮玉米高产高效栽培技术

3.1 灭茬整地

图 1 旋耕灭茬

麦后复播青贮玉米一般采用免耕播种技术。收割小麦时，应选用带有粉碎机和风机的小麦收割机，麦茬高度不得高于 15 cm，小麦秸秆粉碎长度不得大于 10 cm，并利用风机均匀抛撒粉碎后的秸秆。如果收割小麦时未进行秸秆粉碎处理，麦茬较高或满地麦秸，直接免耕播种，秸秆会堵塞播种机排种管和排肥管，容易出现漏播或播种过深或过浅现象。因此，小麦收割后应及时灭茬整地，处理田间秸秆，可用打草机收集离地的小麦秸秆，收集的小麦秸秆打成小方捆，作为饲草，也可选用双轴旋耕灭茬机在播前进行 1 次灭茬作业，深度为 8~12 cm（图 1，附录彩图 24）。

3.2 土壤深松

晋南冬小麦+夏玉米一年两作区，由于连年的抢收抢种，土地只旋不耕或只进行浅耕，导致耕层逐年变浅，犁底层变厚，保墒、保肥能力越来越差。加之放弃了施用农家有机肥的传统，片面追求施用化肥，造成土壤板结和肥力下降，影响农作物产量和经济效益。土壤深松技术是在不打乱原有土层结构的情况下，利用深松机械打破犁底层，提高土壤通透性、增加土壤肥力和蓄水保墒能力的有效技术。据试验数据表明，深松可提高土壤水分利用率 10%~15%，提高土壤蓄水保墒能力 20%~40%，提高粮食产量 5%~10%。深松包括全面深松和局部深松，全面深松是用深松犁全面松土，适用于配合农田基本建设，改造障碍土层或耕层浅的黏质土。局部深松则是用杆齿、凿形铲或铧进行松土与不松土相间隔的局部松土，即目前推广的深松少耕法。

晋南冬小麦+夏玉米一年两作区适宜在玉米收获之后，小麦播种前进行深松，2~3 年深松 1 次，深度应大于 30 cm。深松过程中松深要一致，不得有重复和漏松现象。深松作业速度小于 5 km/h，作业速度过快，深松沟较大，跑墒较多。土壤深松一般采用大马力拖拉机（≥210 马力，图 2，附录彩图 25）配合深松犁（图 3，附录彩图 26）进行。深松作业时，最好配施有机肥和氮肥，以促进土壤微生物活动，加速土壤熟化和肥力的恢复。为克服单独深松不能翻埋秸秆、杂草和病虫害的弊端，深松时最好配合旋耕整地或旋播施肥镇压复式作业。

图 2　凯斯 210 拖拉机

3.3 配方施肥

麦后复播青贮玉米种植密度大、茎叶繁茂、生长速度快、单位面积产量高。生产实践中，应根据种植密度、品种特性、土壤肥力、生产条件和产量水平等因素，确定肥料种类、施肥量、施肥时间和方法。目前山西省尚未有可借鉴的麦后复播青贮玉米配方施肥方案，可以参考晋南平川水地夏玉米推荐施肥量。根据每生产 100 kg 玉米籽粒需氮 3.43 kg、五氧化二磷 1.23 kg、氧化钾 3.26 kg 的标准，确定基础施肥量。播种时可以一次性使用缓释肥或控释肥，后期如果不出现脱肥现象，可不用追肥；也可分 3 次施

图3　马斯奇奥深松犁

肥，播种时种肥同播，施用全部磷肥及微肥、30%的氮肥和60%的钾肥作为基肥，大喇叭口期追施60%的氮肥和40%的钾肥，灌浆期喷施剩余的10%氮肥及微肥。

3.4　抢时播种

播种是保证青贮玉米苗齐、苗全、苗壮的关键环节，关系到增产增收。应以“早”字当头，抢抓播种时间。播期越早，光热资源利用越充分，越有利于高产形成和品质提高。播期最迟不得晚于7月5日。

3.5　合理密植

3.5.1　播种量

晋南夏玉米适宜的密度为67 500株/hm^2，当前耐密植玉米品种的种植密度在70 000~90 000株/hm^2，获得最高产量的种植密度是在80 000株/hm^2。晋南麦后复播青贮玉米的平均种植密度为75 000株/hm^{2}左右，高水肥地块种植密度可以达到90 000株/hm^2，中等水肥地块种植密度为67 500株/hm^2。

3.5.2　播种方式

采用精量气吸免耕播种机，要做到一穴一粒、一籽一苗，出苗后不再进行间苗、定苗等田间作业。播种深度为镇压后种子到地表的距离为5~6 cm。播种方式采用等行距或宽窄行种植，等行距一般为60 cm，宽窄行一般为宽行80 cm、窄行40 cm（图4，附录彩图27）。高产田多采用宽窄行播种，宽窄行播种可以改善植株生长后期通风透光条件，并能充分发挥边行效应，延长保绿期，有利于高产。为保证播后种子与土壤的紧密接触，减少水分流失，播种时要适度镇压。

图 4　青贮玉米宽窄行种植

3.6　田间管理

科学的田间管理是提高青贮玉米质量和产量的关键，青贮玉米与粮用玉米的田间管理方法相似，均需要进行除草、中耕、灌溉、病虫害防治等。

3.6.1　杂草防控

青贮玉米苗期易受杂草危害，导致植株细弱、矮小，致使后期生长不良、空秆率高，严重时导致幼苗萎蔫甚至死亡。青贮玉米生长后期，由于田间郁闭度增加，杂草的发生与生长受到抑制，对产量影响不大。因此，苗前封闭和苗期杂草防治非常重要。

（1）苗前封闭。在玉米播种后尚未出苗期，喷施封闭性除草剂，如乙阿合剂、乙草胺、都阿合剂、莠去津、2,4-滴异辛酯等，主要防治一年生禾草和阔叶杂草（图 5，附录彩图 28）。在土壤墒情较好，之前未使用过或施用除草剂时间较短，且田间主要杂草为马唐、狗尾草、藜、反枝苋等地块，可用乙草胺+莠去津、丁草胺+莠去津、异丙甲草胺+莠去津等复配除草剂进行苗期封闭。在土壤墒情较差的地块，施药时尽可能加大水量，使药剂能喷淋到土表。

（2）苗期除草。当玉米 3~5 叶期时，施药容易发生药害，一般不建议施药。如果田间香附子、谷莠子大量发生，可选用烟嘧磺隆或噻吩磺隆等进行苗后茎叶喷施。可在 6~8 叶期喷施兼有除草和封闭效果的除草剂，如选择无风天气，使用烟嘧磺隆+莠去津定向喷施。需注意不能将药液喷施到青贮玉米喇叭口内。

图5　土壤封闭除草

3.6.2　中耕追肥

复播青贮玉米拔节期或大喇叭口期应采用高地隙中耕施肥机中耕追肥（图6，附录彩图29），可以疏松土壤、培土，同时去除田间杂草，并使土壤能够更多地接纳雨水，有利于根系发育，增强抗倒伏能力。中耕机具在80 cm宽行带实施30~40 cm深松追肥，一次性完成开沟、施肥、覆土和镇压等作业。追肥肥料种类及数量见前文配方施肥部分。中耕追肥的作业机具应具有良好的行间通过性，无明显伤根，伤苗率小于3%，追肥深度为5~10 cm，追肥部位在植株行侧10~20 cm，肥带宽度3~5 cm，无明显断条，施肥后覆土应严密。

图6　青贮玉米中耕追肥

3.6.3 节水灌溉

复播青贮玉米生育时期有限，水肥管理非常重要。玉米苗期需水量不大，但为保证播种后及时出苗、全苗，玉米播种结束后，应及时浇水。玉米在拔节期至大喇叭口期需水量增加，是玉米对水肥需求的两个关键时期，应适当灌溉。大喇叭口期至灌浆高峰期是需水量最多的时期，尤其是吐丝前后的水分敏感期，一定要及时灌溉。灌溉方式包括大水漫灌、滴灌、喷灌等，建议采用滴灌水肥一体化方式灌溉。

3.6.4 病虫害防治

随着秸秆覆盖还田、少耕、密植和异常气候的增多，玉米病原菌和虫源基数增加，导致病虫加速传播。近年来玉米病害呈多发性，并且在不同的生育期、不同的生长部位均可发病，如主要发生在苗期的苗枯病、矮花叶病、粗缩病等，发生于叶片的大小斑病、灰斑病、褐斑病、锈病等，发生于茎秆的纹枯病、茎腐病等，发生于穗部的丝黑穗病、穗腐病、瘤黑粉病等。玉米生产中发生频率高、危害严重的虫害有 30 多种，其中苗期虫害有蛴螬、蝼蛄、地老虎、金针虫、灰飞虱、蓟马等，成长期的主要虫害有玉米螟、蚜虫、棉铃虫等。在玉米病虫害防治上要注意控防结合，在加强病虫情预测的基础上，及时进行防治。病虫害防控措施包括：选择抗病、抗虫品种；选择含有杀菌剂及杀虫成分的种衣剂进行种子包衣、拌种处理种子；与非禾本科作物轮作倒茬；不定期深松或深耕翻；及时清除秸秆根茬及田边杂草，减少病原及虫卵来源；增施腐熟的农家肥，及时中耕排涝，培养健壮植株，提高抗病虫能力。

3.7 适时收获

优质的青贮原料是调制优良青贮饲料的物质基础。因此，在实际生产中，要考虑品种差异、气候差异对收割期的影响，因地制宜，适时收割（图 7，附录彩图 30）。

图 7 全株青贮玉米收获

3.7.1 收获时期

青贮玉米在不同生育期的营养有所不同。青贮玉米的最适收割期为乳熟后期至蜡熟前期，植株含水量为65%~70%，籽粒乳线在1/2时为适宜收获期，此时收获可获得产量和营养价值的最佳值。如果收获期过晚，青贮玉米的粗纤维含量会增加，适口性降低；如果全株含水量过高（>70%），汁液的流失会造成养分的损失，导致青贮玉米的酸度增加，同时还会降低产量；如果水分含量过低（<60%），青贮玉米不易压实，空气含量高，常发生褐变；另外，由于水分含量低，乙酸菌繁殖慢，酸度低，杂菌生长快，易引起发霉变质。

3.7.2 收获方法

青贮玉米收获时应避开雨天，以免因雨水过多而影响青贮饲料品质。青贮玉米一旦收割，应在尽可能短的时间内调制青贮，不可拖延时间过长，避免因降雨或本身发酵而造成养分损失。收获时合理的留茬高度为15~20 cm，留茬过低易混入泥土，造成腐败；纤维含量过高，奶牛采食量降低；留茬过高会降低产量，影响经济效益。全株玉米收割时最好采用克拉斯等具有籽粒破碎功能的大型收割机收割，切割长度2 cm，必须保证玉米籽粒破碎。要求切割后1 L青贮中完整度为50%的玉米粒不超过5粒。否则，牛、羊无法消化完整的玉米粒，其会随粪排出，失去全株玉米青贮价值。可用宾州筛进行筛分，适宜比例为：上层（19 mm）10%~15%；中上层（8 mm）45%~65%；中下层（4 mm）20%~30%；底层<10%。根据青贮玉米的种植方式、农艺特点以及收获效率的需求，选择种类、性能和型号适宜的青贮玉米收获机械。一般如果青贮玉米的种植面积在1 000 hm^2以上，可选择以自走式为主的机型，并按自走与牵引比例配备一定数量的牵引机。

4 示范推广效果

为解决山西省草牧业发展南北不平衡和优质饲草生产供应不足的问题，2022年山西省农业农村厅出台了《2022年山西省饲草产业“南北互补、粮草兼顾、农牧循环”模式推广工作方案》，在运城市、临汾市、晋城市等晋南地区开展了麦后复播饲草示范，推广了麦后复播青贮玉米深松密植高产、麦后复播大豆等技术。充分发挥了北部地区饲草龙头企业技术、机械优势和南部光热、土地资源优势，取得了良好的经济效益、社会效益和生态效益。

2020—2021年山西省农业农村厅分别在泽州县、河津市和山阴县组织召开了全省玉米复播与饲草种植对接会和全省饲草产业“南北互补、创新发展”研讨会，成立了“山西省牧草产业技术创新战略联盟”，组织北部饲草龙头企业与晋南地区种植主体对接，深入开展麦后复播饲草示范推广工作。2020—2023年，朔州市骏宝宸农业科技股份有限公司、山西省地产投资有限公司、寿阳县嘉禾农业科技有限公司、临猗县鹏翔农机有限公司等龙头企业在运城市河津市、临猗县、闻喜县、芮城县、永济市，临汾市尧都区、襄汾县、洪洞县、翼城县，晋城市泽州县等 20 多个县（市、区）推广麦后复播饲草工作，重点示范推广了“麦后复播青贮玉米深松密植高产技术”。该技术被列为山西省 2023 年农业主推技术。据统计 2022 年和 2023 年山西省麦后复播青贮玉米推广种植面积分别为 1.12 万 hm^2 和 1.8 万 hm^2，青贮饲料平均产量为 37.5 t/hm^2，麦后复播青贮玉米实现了跨越式发展。

实地调研表明，运城市在 2022 年和 2023 年麦后复播青贮玉米的大田平均产量为 37.5 t/ hm^2，地头平均收购价为 475 元/t，收入为 10 237.5元/hm^2，较当地同等生产水平的籽粒玉米增收 2 812.5元/hm^2（表 1）。

表 1　运城市 2022—2023 年复播青贮玉米成本效益

品种类型	产量/(t/hm^2)	价格/(元/t)	产值/(元/hm^2)	种子费用/(元/hm^2)	肥料费用/(元/hm^2)	灌溉费用/(元/hm^2)	农药费用/(元/hm^2)	机械费用/(元/hm^2)	其他费用/(元/hm^2)	合计成本/(元/hm^2)	收益/(元/hm^2)
籽粒玉米	6.0	2 750	16 500	750	1 950	1 125	450	3 300	1 500	9 075	7 425
青贮玉米	37.5	475	17 812.5	750	1 950	1 125	450	1 800	1 500	7 575	10 237.5

注：玉米机械费用包括灭茬、播种、中耕、喷药、收割运输等机械费用；青贮玉米不含收割运输机械费用；生产成本未含土地流转费。

5　前景分析

根据山西省“十四五”畜牧业规划，到 2025 年全省奶牛存栏将达到 50 万头、肉牛存栏 142 万头、肉羊存栏 1 180万只，需要饲草 2 256万 t。截至 2020 年底，山西省优质饲草种植面积为 16.8 万 hm^2，饲草总产量为 496 万 t，秸秆等饲料折合干草 1 390万 t。按照 30%的饲料利用率计算，实际作为饲料利用的量为 417 万 t。目前山西省可利用饲草总量为 1 338万 t，饲草缺口为 918 万 t。根据《山西省“十四五”饲草产业发展规划》，到 2025 年，优质饲草种植面积将达到 21.3 万 hm^2，饲草产量将达到 1 000万 t，可基本能够实现山西省饲草自给自足。由此可见，山西省饲草产业需求空间较大。

山西省运城市、临汾市、晋城市等地有适合麦后复播饲草的耕地 32.13 万 hm^2，麦后复播青贮玉米等优质饲草发展空间较大。2022 年，山西省推广实施“南北互补、粮草兼顾、农牧循环”模式。2022 年和 2023 年，山西省麦后复播青贮玉米推广种植面积分别为 1.12 万 hm^2 和 1.8 万 hm^2，大田平均产量为 37.5 t/ hm^2，地头平均收购价为 475 元/t，每公顷收入为 10 237.5元，较当地同等生产水平的籽粒玉米增收 2 812.5元，经济效益显著。

山西省种植业与养殖业在空间上并不匹配。运城、临汾是山西省农业主产区，粮食、蔬菜和水果总产量达到 3 485.38万 t，占全省总产量的 45.94%，具有较强的消纳畜禽粪尿养分的能力，尤其是果园面积为 22.49 万 hm^2，占全省的 63.19%，更是消纳畜禽粪尿养分的场所。然而，这两个市的养殖规模仅为 551.06 万猪当量，仅占全省养殖规模的 23.23%，且以猪、鸡为主，牛羊养殖比例很低，畜种结构不合理。运城、临汾光热及水土条件好，水浇地可实现一年两作，秸秆饲料资源丰富，发展牛羊等草食畜牧业完全符合当地资源禀赋和循环农业发展的需要。因此，麦后复播青贮玉米等优质饲草前景广阔。

参考文献

陈晓，许艳华，耿青松，2020. 青贮玉米高效种植与利用技术［M］. 北京：中国农业科学出版社 .

党宣德，李兆斌，2018. 山西玉米产业发展现状及对策建议［J］. 安徽农学通报，24（7）：33-34.

樊立强，张运校，刘彦军，等，2015. 运城市夏玉米品种的选择方向［J］. 中国种业，12：52-53.

郭彩霞，杨子森，马文奇，等，2020. 山西省畜禽粪污土地承载力及粪尿替代化肥潜力分析［J］. 农业环境科学学报，39（7）：1548-1557.

侯东来，赵祥，杨子森，等，2023. 山西省饲草产业发展与实践［M］. 北京：中国农业科学出版社 .

刘娜，2021. 运城市玉米生产现状与发展建议［J］. 调查研究，373（1）：56-58.

欧翔，2019. 山西玉米青贮产业分析［D］. 太原：山西农业大学 .

师晓天，2021. 山西省粮食生产现状分析与稳定发展对策研究［D］. 太原：山西农业大学 .

王凌云，郝佳丽，武宗信，等，2017. 运城地区小麦—玉米一年两作超高产技术品种筛选［J］. 山西农业科学，45（6）：949-952，970.

翟桂玉，2020. 青贮玉米高效生产关键技术［M］. 济南：山东科学技术出版社 .

张林田，2017. 临汾市试验区小麦、玉米一年两熟机械化保护性耕作技术及配套机具创新［J］. 农业机械，2：116-119.

平鲁山地轮作倒茬技术研究和示范

杜利霞　侯向阳

（山西农业大学草业学院）

摘要：旱作农业是地处山区的平鲁区主要的耕作方式，合理轮作倒茬、增施有机肥料、实施间作套种、地膜覆盖是旱作农业主要的抗旱措施。地膜覆盖能提高耕地保墒能力、合理轮作倒茬能增强耕作层涵养水分的能力，如何合理轮作倒茬不同区域方法不同，本项目研究了前茬为苜蓿的山地耕地上轮作倒茬的方式、效益及推广前景，为类似地区的生产提供参考。

关键词：轮作倒茬；燕麦；渗水地膜；间作套种

引言

轮作倒茬作为我国耕地保护的重要手段之一，当前及未来将发挥重要且积极的作用。根据不同作物、牧草对于养分的需求不同，合理的轮作倒茬可以均衡利用土壤中的营养元素，减少肥料的施用量，并将用地和养地结合起来，不会过度损耗土壤肥力，甚至还可以提高土壤肥力。

在轮作倒茬组合中，玉米大豆是最理想的合作伙伴，种植禾谷类作物对氮和硅的吸收较多，而对钙的吸收较少；豆科作物吸收大量的钙，而吸收硅的数量极少。玉米大豆轮作可保证土壤养分的均衡利用，避免其片面消耗。而且种植玉米和种植大豆的效益相当，当玉米价格下滑时，可以用大豆来弥补损失。

1　平鲁山地轮作倒茬的必要性和重要性

朔州市平鲁区位于晋西北内外长城之间，平均海拔1 400 m左右，气温年较差和日较差大，年平均气温5.5℃，全年降水稀少，无霜期短，年均降水量463 mm，各月降水极不均匀，6—8月降水量占全年降水总量的65.2%，月最高降水量122 mm，月最低降水量3 mm，属于典型的干旱区域，作物和牧草产量只能“听天由命”。

2012年，在平鲁区委区政府的“双70%战略”（即70%的土地实施生态化建设，70%农民享受城镇化服务）引领下，在优惠政策的支持下，区政府出资退耕，场（户）种草，双碾乡各养殖专业合作社和养殖大户投资，引进了苜蓿种植，形成了以连片种植以苜蓿为主的牧草5万亩基地雏形，形成了一定的规模。但是，区域内苜蓿利用期限已达8年以上，苜蓿严重老化、退化，部分已经完全死掉；片区内各种草类混杂，无法规模化、现代化、机械化利用。特别是近几年，部分地方已演变为荒滩，有进一步荒化、沙化的趋势，这与绿水青山就是金山银山的发展愿景不符，也与产业兴旺、乡村振兴的美好蓝图不相适应，亟须采取措施和政策支持，进行有效科学治理和合理利用。

2020—2022年双碾乡在苜蓿地上连续3年种植饲用燕麦，出现了炭疽病普遍发生、产量降低、品质和饲用价值大幅下降的问题。因此，迫切需要建立多元、有序的轮作倒茬种植制度体系，引进、示范和推广适宜当地条件的禾本科和豆科饲用作物间套种、牧草混播等模式，示范和推广先进旱作节水饲草高效生产技术，规划和设计规模化机械化生产和农户生产相结合、饲草商品化生产和就地利用相结合、种植单元合理布局和整体轮作倒茬的种植制度布局图。建立起种养结合、草畜平衡、生产与生态共赢的良性循环现代化草牧业样板。

在这种条件下，采用全生物降解渗水地膜旱作技术进行牧草的轮作倒茬种植，充分考虑前茬牧草的利用方式、残茬根系等对土壤的影响，进行不同饲草的种植，不仅能高效解决小雨量降水资源利用率低和生物降解地膜成本高的技术难题，同时能提高牧草产量、改善土壤结构，进行土壤肥力的恢复。

2 项目推广的关键技术和技术创新点

在朔州市平鲁区退耕还草区重点推广“生物降解膜旱作燕麦轮作倒茬”技术，生物降解渗水地膜首次在种植燕麦时使用。生物降解膜厚度为0.006 mm，易降解，随着牧草生育期的完成逐渐分解，减少地膜对环境的污染。覆膜种植燕麦，需要专门的穴播机，行距和下种量根据地势、墒情进行调节。该技术在双碾乡集成示范500亩，辐射带动周边地区5 000亩，燕麦草预计增产15%左右，轮作技术能改良连作苜蓿土壤的品质，提高后茬苜蓿产量15%~20%。

3 项目技术研究方案和技术路线

根据山西省北部气候特点、土壤特性、种植情况，在调研的基础上制订了方案。该区域降水少，大气和土壤干旱，地势不平，无灌溉条件，早晚温差大，苜蓿自毒作用严重，需进行轮作倒茬。将苜蓿倒茬为燕麦和玉米，再将燕麦倒茬为大豆、玉米，玉米倒茬为大豆、燕麦。通过轮作倒茬确保改良土壤的效果，解决苜蓿种植多年的自毒作用，确保下一步建植苜蓿人工草地的效果。项目进行了2种技术的示范。

3.1 实施方案

3.1.1 生物降解渗水地膜穴播种植燕麦技术

生物降解渗水地膜穴播燕麦（图1，附录彩图31）有两大优点，一是能够将干旱区的无效降水渗入田间锁住水分，保墒保苗，提高出苗率；二是生物膜薄，厚度为0.006~0.007 mm，易降解，在牧草完成生育期后就会分解，减少了白色污染。

图 1　生物降解渗水地膜穴播燕麦

3.1.2　燕麦倒茬为玉米+大豆，应用玉米+大豆间作套作技术

玉米+大豆间作套作（图 2，附录彩图 32），玉米植株高，根系较浅，主要吸收利用上层土壤里的养料，生长期中需要氮肥比较多。而饲用大豆是攀援型植物，比较耐阴，根系扎得比玉米深，能够吸收利用下层养料，需要氮肥不多，却需要大量的磷、钾肥。因此玉米和大豆种植在一起，不仅能够实现养料互相利用，充分利用土地和光照资源，减轻苜蓿种植多年的自毒作用，同时收获加工利用的营养物质可以互补。

图 2　玉米+大豆套作种植

3.2 技术路线

3.2.1 生物降解渗水地膜穴播种植燕麦技术

经过不断调试，最终实现了一膜 5 行 2MB-1/5 机穴播燕麦，（0.006~0.008）mm×1 300 mm的全生物降解渗水地膜种植，穴距 13.3 cm，行距 25 cm，条带间距 45 cm，每穴 10~13 粒种子，每亩 2 万穴，亩播量 30 万粒。达到了产草量对于种植密度的要求，并可提高保水保墒能力。同时应用黑膜和白膜两种颜色进行种植，种植方式相同，研究其对产量的影响。

饲用燕麦品种分别为‘野马’、‘贝乐’、‘摩根’（引进品种），由唯特蓝图（北京）农业科技有限公司提供；‘喜越’，由宁夏西贝农林牧生态科技有限公司提供。‘喜越’品种分别进行了 6 个条带覆黑膜+6 个不覆膜+杀菌剂；6 个条带覆白膜+6 个不覆膜+光合菌剂的种植；4 个品种+黑膜的种植示范，示范面积为 500 亩。

3.2.2 玉米、大豆间作套作技术

前茬为燕麦，玉米单作 4 个条带，8 行；玉米+大豆间作（‘汾豆牧绿 11 号’），4 个条带，8 行；玉米+大豆间作（2 号），4 个条带，8 行，共 50 亩，覆白膜。大豆‘汾豆牧绿 11 号’为攀援型品种，适合间作，中间 2 行大豆+两边 2 行玉米，玉米和大豆行距 50 cm，大豆和大豆行距 80 cm。

前茬为燕麦的单作玉米品种为龙源 6 号，株距 26 cm，行距 75 cm，5 100株/亩，种植 200 亩。

前茬为玉米的，大豆单作（‘汾豆牧绿 2 号’），‘汾豆牧绿 2 号’抗旱能力强，在降水很少的情况下，能正常生长，产量不减。进行无膜种植，株距 17 cm，行距 50 cm，每穴 3 粒，种植 50 亩。

4 经济、社会效益前景分析

在晋北干旱地区使用生物降解渗水地膜，能将干旱地区生产中天然降水利用率由 40%提升至 60%以上。生物降解地膜亩用量和亩投资均可减少 40%以上，与普通地膜覆盖相比旱作增产幅度 10%以上。该技术采用专用高粱播种机，一次性完成开沟铺膜、覆土、播种、镇压等多道作业工序，免间苗、省除草、不灌溉且出苗好、产量高。其厚度只有 0.006 mm 的全生物降解渗水地膜具有保水和渗水等功能，可以实现春夏无效降水资源的有效利用，而且通过膜上覆土技术延长地膜有效使用寿命，并以“春雨贵如油，有雨膜下留”的方式解决半干旱地区缺水问题，为旱作高产奠定水资源基础。此外，该地膜绿色环保，180 d 降解 50%以上，365 d 降解 95%以上，能消除农田白色污染。

玉米大豆合作轮作倒茬可有效改善土壤结构，增加土壤肥力。混合收获进行青贮可提高青贮玉米的蛋白质含量，增加其营养成分。

生物降解渗水地膜的优点包括以下几点。①节本增效环保优势明显，0.006 mm PPC 基全生物降解渗水地膜亩用量 3.0 kg，亩投资 75.0 元，同比 0.01 mm 全生物降解地膜减少投资 40%以上，与 0.01 mm PE 地膜的亩用量 6 kg，亩投资 70 元相当，成本不高且无残留、免回收。一次性机械作业，不灌溉，免间苗，易除草，膜秋后全降解免回收，节省人工。②节水抗旱技术优势显著，秋后土壤中储藏的雨水加上早春的无效降水得到有效利用，可高效利用天然降水 150 mm 左右，相当于每亩节水 100 m^3，为北方半干旱地区有机旱作技术提供了相当于 2 次以上的灌溉水量，为抗旱增产找到了宝贵的水资源。

使用 5 行 12 嘴燕麦机配合（0.006~0.008）mm×1 300 mm全生物降解渗水地膜种植，穴距 13.3 cm，行距 25 cm，条带间距 45 cm，每穴 10~13 粒种子，每亩 2 万穴，每亩播量 30 万粒。达到了产草量对于种植密度的要求，并提高了保水保墒能力（图 3，附录彩图 33）。通过产量测定，利用生物降解渗水地膜种植的燕麦覆膜比不覆膜增加干草 348 kg/亩，扣除地膜和种植机械费用 140 元/亩，能增收 230~280 元/亩。

图 3　生物降解渗水地膜穴播燕麦长势比较

覆膜草产量：鲜草 4.89 kg/m^2×667 m^2 = 3 261 kg；干草 3261 kg/4 = 815 kg。

不覆膜产量：鲜草 2.8 kg/m^2×667 m^2 = 1 867 kg；干草 = 1867 kg/4 = 467 kg。

覆膜比不覆膜增加干草 815 kg−467 kg = 348 kg。

玉米、大豆间作虽未达到纯玉米种植的经济效益，但能改善土壤结构、调节土壤养分、减轻病虫危害，抑制田间杂草，达到生态效益（图 4，附录彩图 34）。

图 4　玉米+大豆套作长势

国内外同类技术多在水浇地上利用，旱地进行种植的很少，特别是生物降解渗水地膜在燕麦种植中的应用更少。下一步规划用生物降解渗水地膜早春种植燕麦，实现一年两茬种植，并分析其效益。

5　技术推广应用的条件、措施和前景分析

5.1　应用的条件

适合攀援的大豆资源，能提供充足的饲用大豆品种材料、适宜的播种机械和收割机械。

5.2　应用的措施

攀援型饲用大豆品种是经济作物研究所培育的新品种，通过种子公司或生产农户进行大量繁殖就能满足需求。机械短缺和改装方面，在争取国家投资和研发的基础上，对

现有机械进行改进，以满足生产需求。

5.3 应用的前景分析

山西水资源和土地资源紧缺，自然禀赋条件差。据统计，全省多年（2003—2019年）平均水资源总量为106.68亿m^3，年人均水资源占有量为302.13 m^3/人，分别占全国同期的0.40%、14.84%，且主要分布在晋北地区。如何利用这些由于干旱导致荒芜的中低产田是急需解决的问题。生物降解渗水地膜能在干旱区锁住少量无效降水进而保水保墒，实现早种早收，可以一季两茬，扩大土地利用面积，增加收益，应用前景广阔。

目前应用情况：生物降解渗水地膜主要应用于谷子、高粱，在山西地区用于种植燕麦较少，在内蒙古地区种植面积较大，可借鉴其方法和经验。根据种植情况分析，晋北地区旱作4月播种可种植2茬，实现一年两熟。

6 实施过程中发现的技术问题及下一步计划

项目在实施过程中遇到的主要问题是播种、收获的机械不能满足需求，需要从种植、收获机械一体化方面进行研发，主要表现在如下方面。

技术问题1：缺乏适合干旱区进行大豆玉米间作套作的播种机。玉米播种机经过调试，虽然可以满足种植条件，但玉米和大豆之间的行距太宽，不能精准定位。虽然大豆长势很好，但后期大豆很难借助玉米向上攀援，只起到了改善土壤结构的效果，效益增加有限。下一步将与机械专家合作，对现有播种机进行改进，达到旱地间作套作的要求。

技术问题2：饲用大豆进行收获时，缺乏适用的收割机，导致茬高、收获不全的现象。下一步将创新并配套品种、栽培、植保、收获等农艺技术，实现农艺农机一体化种植和规模化、标准化生产，有效提高单位面积产量，实现增产增效。

多维度多物种退化草地治理技术示范

任国华　侯向阳

（山西农业大学草业学院）

摘要： 草地在陆地生态系统中具有十分重要的资源价值和生态系统服务功能，我国作为草地资源大国，草地面积占陆地面积的27.5%。然而因生境脆弱、全球变化以及人为干扰等原因，全国70%的草地处于退化状态。山西省作为全国13个草原资源重点省份之一率先出台了《山西省草原生态保护修复治理工作导则》，坚持保护为先、自然修复为主、人工辅助干预相结合的原则。山西省牧草产业技术体系提出“基于自然，优于自然”的生态治理理念，为北方农牧交错带和黄土高原区退化草地生产力与草地生态潜力提升提供了科学依据和支撑。

关键词： 草地退化；人为干扰；草地修复；技术示范

引言

草地是陆地生态系统的重要组成部分，全球草地总面积为52.5亿hm^2，约占地球陆地总面积的40.5%。草地不仅为畜牧业、种植业、食品业、医药业提供原材料或产品，同时还具有涵养水源、保持水土、防风固沙、固碳释氧、净化空气、保护生物多样性等多种生态功能，其中大部分生态功能转化为生态产品和服务，为人类提供福祉。尽管草地具有十分重要的资源价值和生态系统服务功能，但是全球约49%的草地发生退化，导致温室气体排放增加、土地荒漠化和水土流失加重、生物多样性丧失加速等生态环境问题，严重影响了全球贫困地区的生态安全和人类福祉，甚至影响了全球的可持续发展。

我国是草地资源大国，第三次全国国土调查数据显示，我国草地总面积为2.6亿hm^2，占陆地面积的27.5%。近几十年来，受超载过牧、气候变化等因素的影响，我国草地发生严重退化，全国退化草地面积在90%以上。党的十八大以来，随着生态文明建设、美丽中国建设等重大战略的推进，国家实施了退耕还林还草、退牧还草、草原生态奖补、草畜平衡等一系列草地生态建设工程项目，全国草地生态持续恶化的状况得到初步遏制。但是，当前全国草地生态系统整体仍较脆弱，保护修复力度不够、管理利用水平不高、科技支撑能力不足等问题依然突出，草地退化的总体局面并未全面扭转。

据统计，全国70%的草地仍处于退化状态，约30%的草地处于严重退化状态。

1 草地退化成因解析

1.1 草地退化的内因——生境脆弱性

草地退化是草地生态系统在演化过程中，其结构特征和能流与物质循环等功能过程的恶化，即草地生态系统的生产与生态功能相悖，造成结构紊乱、功能衰退的现象。这既包括“草”的退化，也包括“地”的退化。草地退化是内因和外因综合作用的结果，草地生境的脆弱性是草地退化的内部因素。草地的生境脆弱性主要表现在地表组成物质和地形特征的脆弱性和气候水热因子匹配性差2个方面。青藏高原区由于寒冻等原因，土壤分化微弱，土层薄，土质疏松，易受风蚀、水蚀和融冻剥离，土壤侵蚀严重，土壤质地较差、肥力低下，使草地自身存在退化的内在因素。同时，该区草地多分布于高海拔地区，虽然水分条件相对较好，年降水量在300 mm以上，最高可达800 mm，但热量条件差，年均温一般在0℃以下，最低温度可达-40～-30℃，限制了草地植物的生长。黄土高原区地形复杂多样，高山、梁峁、塬地、沟壑、河谷和川地交错分布，草地分布区域的坡度较大，大多在20°以上，草地栏畜、贮存降水的能力和抗践踏、抗侵蚀能力较低，这是草地退化的基础。该区热量条件相对较好，但降水量较低，降水季节与年际变率大，暴雨频发，水分利用率较低，使草地牧草的生长发育受阻。内蒙古高原荒漠化草原区、河西走廊及新疆荒漠-绿洲区土壤贫瘠，物理化学性状不良（如沙物质含量高、砾质化及沙质化潜在危险性大、土壤干旱、有机质含量低等），存在草地退化的各种潜在因素。同时，该区光照充足，热量条件好，但干旱缺水、降水时空分配与牧草需水不匹配，增大了草地退化的可能性。

1.2 草地退化的外因——全球变化和人为干扰

全球变化和人为干扰是草地退化的外部因素。虽然全球变化中的气候因素可以强烈影响草地的退化程度和速度，但对于气候变化是否为草地植被退化的主导因素，当前在我国草地生态学界存在2种截然相反的观点。一种观点认为，干旱和半干旱草原的气候变化非常大，生态系统在功能上表现为非平衡系统，其变化不是向确定的顶级状态发展，而是由一些不可预测的随机因素控制，如降水、干旱、火烧等。一些被认为是过度放牧引起的草原退化，实际上可能是草原植被对气候等随机因素变化的反应。另一种观点认为，气候变化是一个漫长而复杂的过程，仅凭数十年的资料难以判断气候变化的趋势。干旱和半干旱地区所观测到的温度升降和降水量增减均在植物正常生长范围之内，尚不足以引起草原的迅速退化。此外，因气候变化引起的植被变化应有渐进式的地带性推进特征，即草甸草原向典型草原、典型草原向荒漠草原带状推进，而目前草地的退化表现为全面的、以居民点为中心的点状发散式分布，因此草原的迅速退化难以归结到气候变化。草地退化的人为干扰因素主要包括超载过牧、开垦撂荒、滥采乱挖、滥用水资源、工矿道路建设和不合理的旅游开发。其中，超载过牧和开垦撂荒是普遍存在且严重威胁草地可持续发展的首要因素。

从干旱、半干旱区植物地下部生长发育的情况来看，干旱年份植物地上部分生长受阻，甚至枯死，但多年生牧草的地下部能在干旱条件下保持生活状态，一旦满足水分要求，就能形成地上部。此外，目前尚未观察到草地大范围的带状渐进式退化现象。因此，气候变化引起的草地退化是暂时的和局部的，可以简单理解为自然胁迫下草地的休眠现象；相对而言，人为干扰引发的草地退化是长期的和较普遍的，需要经过阶段演替才能恢复原状。因此，草地退化的主导因子至少在许多地区不是气候变化，而是人为干扰。

2　退化草地恢复的技术措施

2.1　近自然恢复技术

近自然恢复是指基于生态学理论，通过科学有效的人工辅助及管理措施，依靠自然生态过程，将退化生态系统恢复到物种组成、多样性和群落结构与地带性群落接近的生态系统，从而实现恢复后生态系统结构和功能的多样性、稳定性和可持续性。近自然恢复理念起源于 19 世纪德国，近自然恢复并不是完全摒弃传统人工恢复，而是着眼于长期目标，以生态保护为前提，通过理念指导，将维护生物多样性和提升生态系统多功能性与多服务性作为首要任务。借助传统人工恢复措施，依靠自然生态过程，尤其是以生物多样性为核心的生态过程，进行可持续生态恢复。在退化草地修复过程中，常通过建植单一物种或少数几个物种的人工草地来快速恢复植被，虽然群落生产力水平大幅提高，但生物多样性低、生态系统固碳和水源涵养能力不高。近自然恢复注重“基于自然”和“回归自然”，更多利用自然生态系统是自调节（self-regulating）系统的属性，引导退化草地生态系统重新进行组织，通过自我调节实现可持续恢复。因此，近自然恢复后的生态系统具有较高的生物多样性，能够提供更多生态系统功能和服务，并增强应对灾害风险的弹性。

2.2　放牧调控技术

放牧是天然草地利用的主要方式，也是人类对草地生态系统最强烈的干扰途径。近年来针对不同放牧方式、放牧强度和不同草地类型开展了比较多的研究，并取得了一些阶段性的成果。但总体而言，在研究深度上仍相对比较薄弱。放牧通过改变草地群落的物种组成、生物多样性、生产力以及土壤的理化性质等，影响草地生态系统的结构和功能，其作用效果有正负两种情况。放牧的强度、持续年限以及环境的波动是放牧生态效应的主要影响因素。目前的研究多集中在探索合理的放牧强度、方式以及管理办法对主要生态系统建构要素的影响。但由于不同草地类型间存在差异，应针对草地自身的条件和动态特征加以评价，选取包含尽可能多的气候和草地类型，应用动态规划和系统优化模型，实施适应性管理，考虑长期可持续发展，建立草地放牧生态系统管理专家系统。另外，在放牧的草地生态系统中，植物-土壤、植被-家畜等界面的过程及机理研究应系统开展，从而为现存草场的维护、规划以及退化草地修复提供理论依据。

目前，对一些假说还存在较大的争论，比如放牧优化假说和生长冗余假说。这些假说以往都是针对某个特定的生态系统提出，虽然在一些类似的生态系统中得到了验证，但在理论上还需要通过一些长时间大尺度的大型放牧实验进一步验证，同时也需要在各个典型的草地生态系统中加以验证。

不同牲畜对牧草种类及特定斑块的喜好都会有偏向，但目前大部分放牧方式都存在牲畜种类单一的特点。结合各地的具体情况，通过不同类型牲畜的有机组合能有效提高草地利用效率，改变草地的养分平衡，提高牲畜的总产量。此外，动物的偏食性采食策略意味着提高植物群落多样性会提高动物对食物的消化能力和养分吸收能力，降低动物对食物的选择性，从而可以对植物更为均匀地取食。

目前，将放牧与全球变化相结合的研究仍较为欠缺。在大部分全球变化研究平台，放牧的模拟都是通过割草来进行，但人工割草和牲畜啃食对草地生态系统的影响存在较大的差别。单一的放牧实验没有将其他全球变化要素综合考虑。有研究表明，生态系统生产力在轮牧和连续放牧草地之间的差别只在干旱年份比较明显，在正常年份不明显。动物采食对植物的影响程度随放牧方式、草地类型和气候要素而变化，因此如何综合考虑放牧和全球变化要素对生态系统的共同作用是未来研究工作的一个重点。

2.3 人工种草修复技术

退化草地修复需遵循自然修复和工程治理相结合的原则，围绕群落优化配置、生物多样性及生态功能提升等问题，统筹推进草原生态改良与修复，分级精准恢复退化草原。对轻度退化的草地采用围栏封育的手段自然恢复，对中度退化草原采取人工补播种草的手段恢复，对重度退化草地采取人工改良修复等综合性治理措施。在充分考虑重度退化草地区域生态因素基础上，通过播种、施肥、中耕、排灌、防治有害生物等综合田间管理技术建立人工草地，改善群落成分、优化种群结构，进行科学田间管理，建成功能优化的人工草地群落。

选择适宜的草种是人工种草技术中的关键步骤，直接影响草原恢复的成功与否。在选择草种时，需充分考虑当地的气候条件、土壤类型、水资源情况以及生态系统的特殊需求。耐旱和耐盐碱的草种在干旱和半干旱地区尤为适宜，能有效适应环境变化，同时减少对水资源的依赖。混播多种草种可以增加草地的生物多样性，提高生态系统的抗干扰能力，同时优化草地的生产力。在选择草种时，还应考虑草种之间的相互作用，如相互竞争和互补关系，以实现草地生态系统的长期稳定和可持续发展。

有效的人工种草技术需考虑种子的播种密度、播种深度、播种时间以及后续的管理和维护措施。播种时间应根据当地气候条件和季节变化来决定，通常在雨季前后进行播种，利用自然降水促进种子发芽和生长。此外，适当的土壤准备，如耕翻和施肥对于种植能否成功同样重要。在播种后，定期灌溉和杂草管理可以提高草种的成活率和生长质量。为防止土壤侵蚀和保持水分，还可以采取措施如覆盖作物或施用土壤稳定剂。在草地建立初期，限制放牧和人为干扰，给予草苗充分时间生长和成熟，是确保草地恢复的重要环节。

近年来，随着草业科技的发展，人工种草技术在精度和效率上都有了显著提升。例如，精准播种技术可以确保每粒种子都位于最适合生长的土层深度，从而提高成活率和生长效率。使用无人机进行播种，尤其在大面积或难以人工到达的草原地区，不仅可以提高播种效率，还能降低劳动成本。此外，种子涂层技术通过将种子包裹在营养和保护层中，能有效提高种子的抗逆性和萌发率。智能灌溉系统能根据土壤湿度和天气预报自动调整灌溉量，保证草种获得适当的水分，同时减少水资源的浪费。

3 退化草地多物种多维度修复技术

3.1 “基于自然，优于自然”的生态治理理念

当前国际上解决退化生态系统治理和恢复的前沿趋势是基于自然的解决方案（Nature-based Solution，NbS）和生态系统管理方法。NbS 治理措施主要有 3 种类型：一是更好地利用自然的或受保护的生态系统；二是实现人工管理生态系统的可持续性和多功能性；三是设计和管理新的生态系统。因此，面对生态脆弱的退化草地土地条件，采用基于自然的保护和修复措施，设计和构建抗逆稳定、协调高效的草地生态系统是应对气候变化和实现草地生态系统高质量发展的可行选择。

山西省牧草产业技术体系借鉴和吸收 NbS 理论和方法，创新性地提出“基于自然，优于自然”的生态治理理念，探索北方农牧交错带和黄土高原草地生态治理中如何权衡自然保护和人工优化设计恢复、如何实现草地系统协调提质增效目标、如何实现点的治理模式和技术推衍到区域尺度上的布局和效益优化机制与模式。该体系在系统摸清北方农牧交错带和黄土高原退化草地恢复障碍因素的基础上，通过筛选、挖掘抗逆高产乡土草及优势组合，研究植物-土壤-微生物互作增汇和农艺技术调控增汇机制，探索适应边际土地的碳增汇机制和模式，并探索由点到面、区域优化布局、优化管理的大尺度区域碳增汇机制和方案，为北方农牧交错带和黄土高原区退化草地生产力与草地生态潜力提升提供了科学依据和支撑。

3.2 “激补促调”退化草地快速修复技术体系

山西省是全国 13 个草原资源重点省份之一。第三次国土资源调查数据显示，全省目前共有草地4 657.7万亩。2020 年，山西省在全国率先出台了《山西省草原生态保护修复治理工作导则》，逐步为草原生态保护修复工作构建了政策法规保障体系、科技服务支撑体系、生态监测评价体系、生态修复标准体系、生物灾害防控体系。据山西省草地资源清查结果显示，2020 年底，山西省草原综合植被盖度达 73.0%，高于全国平均水平 16.9 个百分点。

山西坚持保护为先、自然修复为主、人工辅助干预相结合的原则，以黄河流域和北方农牧交错带退化草原生态修复治理为重点布局，山西农业大学草业学院侯向阳教授团队探索创建退化草地提质增效修复的“补、激、促、调”框架模式。针对草地退化的不同阶段和程度，采取多维度分级分类的修复治理技术。对于严重退化草地，其土壤种

子库匮乏，土壤养分供给受限，重点采取“补”的措施，主要补充草种及土壤肥力。补充草种是为了改善草地植物群落结构配置，恢复局部裸地和退化地，防止草地退化；补充土壤肥力则是通过改善土壤营养状况，促进种子萌发，增加地上产量。对于中度退化草地，激发土壤种子库的活力，提升草地植物更新能力是非常重要的措施。通过合理的激发措施，激发原生土壤中存活的种子，更好地缓冲地上植物群落对环境变化的响应，保持生态系统结构的稳定。对于中度恢复草地，重点是促进优势种的生长，优势种在群落中占有重要地位，可以维持群落和功能结构，从而促进生态环境的演替。对于基本恢复草地，重点是整体协调生态系统的功能，综合考虑各种影响因素，采取综合性的保护和管理措施，以实现生物多样性的保护、生态功能的维持和生态系统的可持续发展。

4 应用前景

针对北方农牧交错带和黄土高原地区退化草地土壤养分贫瘠和结构劣化、草地植被生产力和生物多样性降低、生态和生产功能失衡、修复缓慢等问题，在系统摸清北方农牧交错带和黄土高原退化草地修复瓶颈问题和限制因素的基础上，应用“基于自然，优于自然”的生态治理理念，通过退化草地土壤高效修复技术、多物种复配建植及地上-地下协同修复技术、土壤-植物-微生物反馈综合修复技术、多维度草地修复技术综合集成，可实现由点到面、优化布局和管理的区域尺度草地高效修复，为促进北方农牧交错带和黄土高原退化草地快速修复和高质量发展提供技术支撑。

参考文献

董世魁，张宇豪，王冠聪，2023. 草地健康与退化评价：概念、原理及方法［J］. 草业科学，40（12）：2971-2981.

郝天象，杨萌，于贵瑞，2023. 统筹草地生态系统五库功能　构建国家生态安全屏障［J］. 中国科学基金，37（4）：603-612.

贺金生，卜海燕，胡小文，等，2020. 退化高寒草地的近自然恢复：理论基础与技术途径［J］. 科学通报，65（34）：3898-3908.

胡会峰，2023. 草地退化与修复研究态势：基于 1930—2022 年研究主题演变分析［J］. 中国科学基金，37（4）：613-622.

刘玲莉，井新，任海燕，等，2023. 草地生物多样性与稳定性及对草地保护与修复的启示［J］. 中国科学基金，37（4）：560-570.

龙瑞军，董世魁，胡自治，2005. 西部草地退化的原因分析与生态恢复措施探讨［J］. 草原与草坪，6：3-7.

苏有琦，张宇，宋敏红，等，2020. 基于实测土壤属性 CLM4.5 对青藏高原高寒草甸模拟性能的评估［J］. 高原气象，39（6）：1295-1308.

孙建，张振超，董世魁，2019. 青藏高原高寒草地生态系统的适应性管理［J］. 草业科学，36（4）：933-938.
杨晓霞，赵新全，董全民，等，2023. 青藏高原高寒草地适应性管理释义：概念及实现途径［J］. 科学通报，68（19）：2526-2536.
张新时，唐海萍，董孝斌，等，2016. 中国草原的困境及其转型［J］. 科学通报，61（2）：165-177.
张扬建，朱军涛，沈若楠，王荔，2020. 放牧对草地生态系统影响的研究进展［J］. 植物生态学报，44（5）：553-564.

探索现代饲草产业发展路径
——聚焦饲草　专业经营

郭玉平

（朔州市骏宝宸农业科技股份有限公司）

摘要：畜牧养殖业是促进乡村振兴的重要支柱产业之一，饲草作为畜牧业可持续发展的根本动力，对畜牧业具有重大战略意义。我国饲草供应一直处于供不应求的状态。据海关统计，2023 年，我国进口干草累计 107.15 万 t，进口金额53 795.43万美元。历年来，进口干草价格一直居高不下，这表明产业空间增长潜力巨大，但国内生产发展相对滞后，造成这一局面的重要原因之一便是饲草特别是优质饲草的供给不足。

在我国饲料粮供应存在较大缺口的情况下，通过政策扶持、市场引导，逐步形成一批专注饲草领域的生产企业，增加优质牧草的供应总量，补充饲料粮缺口或替代部分饲料粮，是助力我国畜牧经济节本增效、实现可持续发展，并减轻饲料粮对粮食安全压力的有效途径之一。

关键词：饲草产业；全产业链发展；前景

引言

中国作为世界人口大国，食品消费需求巨大，随着我国居民收入水平的不断提高，人们正在从“吃得上、吃得饱”向“吃得精、吃得好”转变。居民膳食结构的转变推动了我国畜牧养殖业的转型发展，而畜产品需求增加的本质是饲料粮需求量的不断扩张。这种扩张势必会使中国人均口粮占比偏低的局面进一步加剧，从而影响我国粮食安全战略的实施。饲草是畜牧业可持续发展的根本动力，对于我国畜牧业发展、保障饲料粮安全等具有重要的战略意义。而我国饲草多数依赖进口，其缺口依然巨大。据海关统计，2023 年，我国进口干草累计 107.15 万 t，进口金额53 795.43万美元。在当前诸多不确定因素交织影响下，我国饲草短缺问题不能过度依赖国际市场解决，重点要向内求发展，多途径探索我国现代饲草产业发展的新路径，助力我国畜牧经济节本增效、实现可持续发展，从而有效保障我国粮食安全。

1 国内外饲草产业现状

2024年年初，农业农村部畜牧兽医局饲料饲草处处长黄庆生在接受采访时表示：饲料饲草的种植品种及种植规模首先取决于市场的需求，按照我国2023年牛羊肉和牛奶产量接近5 000万t的实际情况，利用科学的饲料配方配比进行计算，目前国内对优质饲草的需求量约为1.2亿t，但就实际产出情况来看，国内优质饲草年产出量不到8 000万t，实际缺口4 000万t以上。

欧美等发达国家的饲用草产业十分发达，为畜牧业做出了重要贡献。美国自20世纪50年代就将紫花苜蓿列入战略物资名录，年种植面积仅次于玉米、大豆、小麦，是第四大农作物，年产值达110亿美元，对奶业贡献率达38%。新西兰的动物饲料近100%来自饲草，美国大约占到70%，而我国只有不到20%，其余依靠谷物支撑。许多国家的草产品生产和其他工业生产一样受到重视。美国、丹麦、法国、俄罗斯的草粉生产产量发展迅速，并已成为世界生产大国。这些国家对草业十分重视，草业已成为支柱产业，被称为“绿色黄金”，澳大利亚更称其为“立国之本”。

2 龙头企业在饲草产业发展中的作用

龙头企业带动饲草产业发展，是市场经济运行的必然趋势。企业是顶层政策的落实和执行者，是技术成果转化的载体，也是饲草产业和农村经济发展的内在要求。因此，培育扶持饲草龙头企业，是推进饲草产业发展的必然选择。

在我国饲草产业化发展和现代饲草产业体系建立的过程中，通过培植龙头企业，立足区域饲草优势，创造优质饲草的产品品牌，拉长饲草产业链条，形成饲草产业集群，由此带动饲草产业经济的跨越式发展。

《“十四五”全国饲草产业发展规划》的重点工作举措之一便是大力培育规模化、集约化新型经营主体，引导龙头企业向饲草优势产区集中，培育一批种草养畜合作社和家庭牧场，扶持专业化生产性服务组织。

3 朔州市骏宝宸农业科技股份有限公司在现代饲草发展路径中的探索

3.1 专注聚焦

朔州市骏宝宸农业科技股份有限公司（骏宝宸公司）成立于2013年，得益于朔州市作为整市推进的全国草牧业试验试点和北方农牧交错带先行区的政策优势，公司从2019年起涉足饲草产业，通过苜蓿种植和发酵裹包，陆续购置进口牧草收获加工设备，提升牧草加工能力。当年即完成销售收入550.08万元，较上年度增速达183.34%，此后的5年中，公司逐步放弃了以前的绿化、蔬菜、工程等业务，对人员进行重整培训，从饲草种植、田间管理、收获加工到市场开拓，加大力度，专业围绕饲草的全产业链过程布局资源。

公司专注于饲草种植加工及其全产业链社会化服务。通过示范种植，在全省合作种植20多万亩饲草，年产裹包青贮苜蓿、全株青贮玉米、高湿玉米、苜蓿干草、饲用小黑麦草、燕麦草、揉丝秸秆等发酵饲草和干草近10万t（图1）。“骏宝宸”“桑源绿草”“ji pin cao”品牌系列饲草销往内蒙古、四川、陕西、河北、山东、贵州、云南、福建、山西各地的牛羊养殖企业。

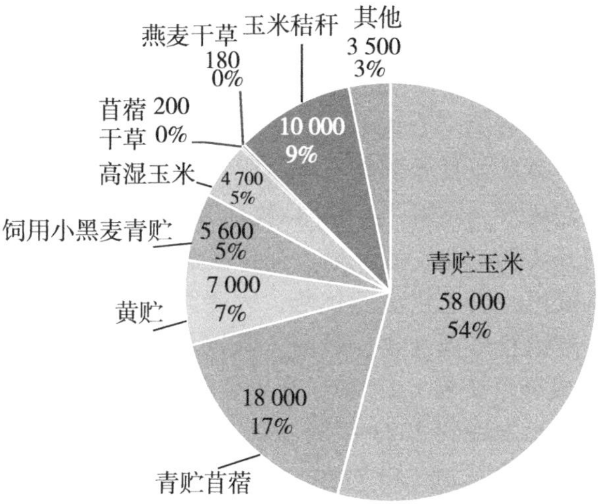

图1　骏宝宸公司2023年产品类别及产量

公司制定了《全株饲用小黑麦裹包青贮饲料》等5个企业标准，以及《全株青贮玉米裹包青贮技术规范》《紫花苜蓿裹包青贮技术规范》《青贮制作标准及要求》《青贮玉米深耕密植种植模式》等生产技术规范，并参与制定了《苜蓿全程机械化生产技术规程》山西省地方标准，拥有专利4项、软件著作权4项、商标9件、版权1件。

公司与山西农业大学草业学院、中国农业大学、中国科学院等相关领域的专家和技术团队深度合作，开展优质牧草品种繁育和加工关键技术研究开发与示范推广。

3.2　全产业链发展

公司每年引进400多个玉米、牧草类新品种进行生产试验，从中筛选适合当地生态气候特点的抗旱节水、优质高产饲草新品种，建设有机旱作节水示范饲草种植基地，集中展示最新旱作节水技术、种植标准化研究成果，为当地饲草旱作节水种植提供可复制的经验模式。

2022—2023年，公司繁育饲用小黑麦种子350余t，繁育苜蓿、燕麦种子20余t；与山西省畜牧技术推广中心、山西农业大学草业学院联合筛选耐盐碱苜蓿品种；与国家绿肥产业技术体系晋北综合试验站、山西农业大学环资学院合作开展绿肥饲料资源种植试验，连续3年实施青贮玉米间作豆科绿肥混合青贮技术；与山西省草业工程技术研究中心共同组成研发团队，实施《雁门关农牧交错带示范区苜蓿低损收获加工调制技术研究与示范》项目；与山西农业大学现代农业研究中心、环资学院联合实施农林废弃物资源化循环利用项目，利用公司种植和服务的农田年处理吸纳消化养殖粪污 30 万 t。公司牵头联合相关领域的专家和技术团队，进行新型饲料蛋白原料的筛选、鉴定、日粮配方的调整、验证和饲养试验，利用含蛋白饲草（苜蓿、饲用小黑麦草、田菁）混贮发酵研发具有潜力的新型饲料蛋白饲料。2024 年，公司新增高湿玉米低温烘干颗粒和饲草发酵型全混日粮生产线，以拓宽市场渠道。

公司产品品类从最初的全株玉米和苜蓿产品发展到现在包括青贮全株玉米裹包、青贮苜蓿裹包、饲用小黑麦裹包、高湿玉米裹包、黄贮裹包、苜蓿干草、燕麦揉丝干草、饲用小黑麦干草、玉米秸秆揉丝干草、谷草、羊草（碱草）、芦苇草等 10 余种。公司自建 500 头肉羊和 200 头肉牛实验养殖场，进行喂养试验。

2021 年公司建设山西省第一个集生产、加工、储备、智能化饲草网络交易的平台。该平台基于“山西省牧草产业技术创新战略联盟”和“朔州市骏宝宸牧草产业化联合体”成员的实力和供需要求，应用“互联网+牧草”模式，充分发挥山西牧草产业技术创新战略联盟的作用，实现南北资源互通，强化联盟成员优质饲草生产和加工服务能力，形成标准化、机械化、现代化生产优势，完善全省牧草收储基地布局。2023 年，平台吸纳饲草收储生产销售厂商 8 家，目前入驻饲草厂商 21 户，供应养殖企业 1 247 户。2023 年，平台完成饲草交易 1 931单，交易金额 1 649. 51万元。5 年间，公司从资产、销售均不足 500 万元发展到 2023 年底总资产 12 339. 57万元，销售系列饲草产品 9. 3 万 t，销售收入6 170. 38万元（图 2）。

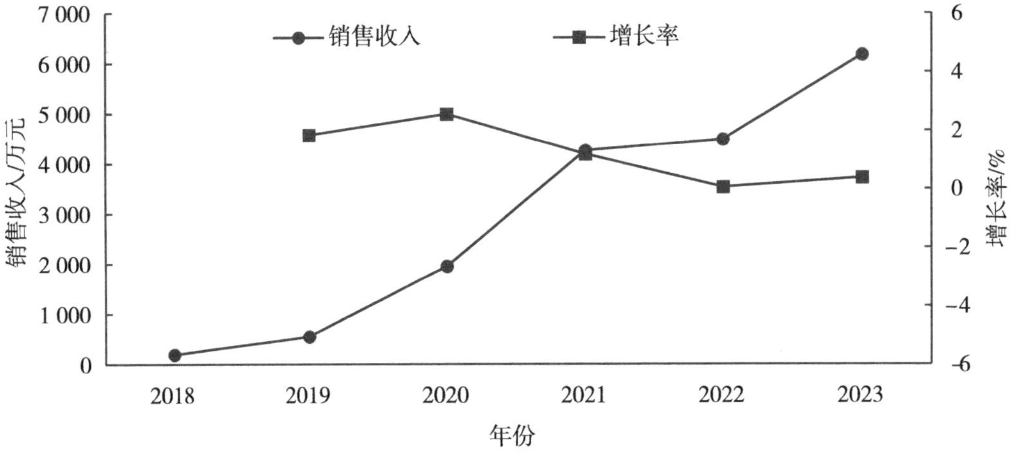

图 2　骏宝宸公司 2018—2023 年销售收入及增长率

3.3　合纵连横

公司在朔州市山阴县示范种植苜蓿 1. 1 万亩、全株青贮玉米5 000亩；2019 年建成右玉、左云1万亩青贮玉米、燕麦草种植基地；2020年在忻州忻府区、五寨县发展3 000多亩优质苜蓿和万吨青贮饲草基地；在运城临猗和长治屯留分别建设2个万吨饲草基地；2021年建设临汾襄汾和晋中灵石3万t饲草基地；2022年新建临汾汾西、侯马、运城河津牧草种植加工基地；2023—2024年发展河北黄骅、湖北荆州、甘肃天水等优势产区和产品集中消纳地区，合作建设产业基地（图3）。

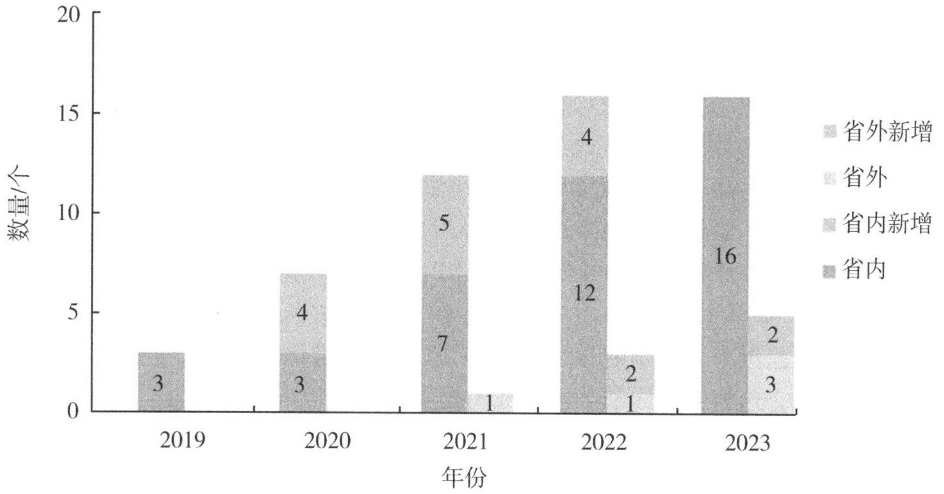

图3　骏宝宸公司产业基地布局增量图

2021年8月10日经山西省农业农村厅批准，“朔州市骏宝宸牧草产业联合体”成立。联合体包括19家致力于饲草产业经营的农业专业合作社和公司，以牧草业生产、加工、销售为基础，通过分工协作和利益组带联结，形成集土地规模经营、优质牧草种植、收储、加工、销售、配送、畜牧养殖、机械作业及社会化服务于一体的牧草经营组织联盟。2023年，联合体自建饲草基地92 437.42亩，销售额达到42 136.2万元，带动周边6 200多户农民种植牧草和订单玉米青贮11万余亩。

2022年1月17日经山西省科技厅批准，由朔州市骏宝宸农业科技股份有限公司牵头山西省牧草产业技术创新战略联盟成立，成员包括山西农业大学草业学院、动物科学院、山西省畜牧技术推广服务中心、唯特蓝图（北京）农业科技有限公司等29家牧草相关大学、科研院所及牧草种植、加工、畜禽养殖企业，组建成立集产学研于一体的牧草产业技术创新联盟。

联盟以企业为主体，以多样化、多层次的自主研发与开放合作创新相结合，以形成产业核心竞争力为目标，优化牧草作物和青饲料产业技术创新链，运用市场机制集聚创新资源，通过产学研结合机制，实现企业、大学和科研机构在战略层面的有效结合。通过联盟合作攻关，围绕牧草作物和青饲料从种植技术模式、品种选育、种子生产、草场建设、混合青贮、裹包发酵、草粉、颗粒、喂养试验等全产业链进行深度研发，突破牧草加工核心技术，做大做优牧草产业。依靠自主技术创新和产业发展向牧草产品精深加工转变，提质增效，进一步拉动饲草业快速发展，提升畜牧业经济效益，为实施国家和地方战略目标提供有效的技术支撑。

4　畜牧养殖业对饲草行业的冲击影响

4.1　奶牛

根据国家统计局数据，2023 年中国原料奶总产量 4 197 万 t，同比增长 6.7%，与 2022 年增幅基本持平，这是中国牛奶产量连续第 4 年增幅超过 6%。截至 2022 年，中国奶牛存栏 1160.8 万头，与 2021 年相比，增长 6.1%，这是 2018 年以来奶牛存栏增长最快的一年。2022 年中国奶牛成母牛年单产为 9.2 t，同比增长 5.7%。由于玉米、豆粕等饲料投入品价格居高不下，2023 年牛奶生产成本也处于高位。据国家奶牛产业技术体系监测牧场数据，原料奶平均生产成本为 3.82 元/kg，与 2022 年持平，仍处于历年最高水平；但是全年原料奶价格持续下降，奶牛养殖的收益率也持续下降，价格成本比从 1 月份的 1.07 降至 12 月份的 0.98，这是 10 多年来中国奶牛养殖的价格成本比首次降至 1 以下。从趋势来看，预期 2024 年国内原料奶产量仍处于上升过程，并且奶牛存栏也在继续增长，这将给已面临严峻挑战的奶牛养殖业带来更大压力。

2023 年原料奶供给过剩导致奶价下行，养殖成本居高不下，同时供给持续增加加剧供需失衡，多重因素作用下，奶牛养殖业面临十多年来最困难的局面，奶牛养殖亏损面超过 70%。

4.2　肉牛

2023 年肉牛产业呈现产量增幅大于产值增幅的特点。根据国家统计局数据，2023 年全国牛存栏 10 509 万头、出栏 5 023 万头、牛肉产量 753 万 t，比 2022 年分别增长了 2.87%、3.78%、4.87%。受新冠疫情和进口牛肉累积效应的影响，2023 年肉牛牦牛产业呈现短期的“蓄积性供给过剩”现象，活牛及牛肉等产品价格相继异常下降。普通牛肉产值约为 6 216 亿元（据国家统计局数据以“牛肉产量×集贸市场牛肉均价”计算），同比增幅仅为 1%。牦牛产量相对稳定，但产值呈现下降态势。2023 年很多肉牛养殖主体呈现年度亏损状态，部分养殖主体正在优化养殖规模、减少养殖数量甚至退出养殖行业。受养殖环节多、链条长等特点影响，肉牛产业对市场冲击的反应存在一定的滞后期。2023 年部分养殖主体减产和退出，短期内对活牛供给影响不会太大，但长期将可能导致供给不足，特别是价格低迷导致的屠宰繁育母牛和小母牛不留养等问题，对后期的犊牛和架子牛供应可能产生一定程度的影响。

活牛与牛肉价格下跌，牛与饲草料跨区域运输推高了生产成本，使传统的玉米-豆粕-全株青贮的日粮模式发生多元化变化，本地化低成本饲草料得到高度重视，逐渐形成了专业化的本地粗饲料加工企业。粗饲料加工利用技术逐渐向绿色高效的综合技术发展，饲养技术向节本、提质、增效和多元化发展。利用棉籽粕、菜籽粕、DDGS、尿素等原料，通过同类替代、组合增效进行豆粕减量替代的技术得以推广，尤其是包被尿素等团体标准的制定，推动非蛋白氮的规范使用。

4.3 肉羊

羊肉价格下行趋势明显，羊肉产能增加，利润下降，羊肉进口量增长，贸易逆差扩大。

根据农业农村部监测数据，2022—2023 年全国羊肉集贸市场年度平均价格（以下简称羊肉价格）从 83.3 元/kg 下降至 77.3 元/kg，总体下降了 7.3%。与 2022 年相比，价格有十分明显的下降趋势。上半年各月同比下降率平均为 1.1%，差值基本保持稳定，但下半年由于羊肉价格涨势不足，与上年同期的价格差距逐渐拉大。具体来看，2023 年 1—7 月，羊肉价格下降程度剧烈，由 83.3 元/kg 快速降低至 77.9 元/kg，下降了 6.5%；8—12 月降速逐渐放缓，由 78.0 元/kg 降至 77.3 元/kg。羊肉价格持续下行部分原因是羊肉供给保持增长，而居民需求难以消耗旺盛产能带来的供需不平衡；同时，受同期猪肉价格下调的影响，羊肉价格上涨动力不足。

目前肉羊养殖呈现出产能过剩、进口冲击、高风险、低收益、亏多赚少、供需双杀的格局。

5 当前形势下对饲草产业前景和发展的思考

新冠疫情后，市场对肉蛋白需求下降。2023 年全国进口牛肉 274 万 t，同比增长 1.86%；进口羊肉 43.4 万 t，同比增长 21.2%。进口增加和国内产能过剩加剧了内卷的形成。需求下降是确定性的，产能供给仍在惯性增长。

5 月 11 日，央行发布数据，4 月末，本外币存款余额 297.45 万亿元，同比增长 6.4%；月末人民币存款余额 291.59 万亿元，同比增长 6.6%。前 4 个月人民币存款增加 7.32 万亿元，其中住户存款增加 6.71 万亿元。居民消费意识逐渐减弱，储蓄意识明显增强。

据农业农村部“全国农产品批发市场价格信息系统”监测（2024 年 5 月 3—9 日），农产品批发价格 200 指数为 120.67 点，比上周下降 0.02 点，比去年同期下降 4.30 个点。牛羊肉、家禽产品价格持续下跌。

居民消费信心不振，整体消费市场低迷，从南到北、从沿海到内地蔓延。各乳品生产企业产量下调，库存激增，生鲜乳使用量骤减。本来每年 12 月到次年 1 月是牛奶消费旺季，但多地奶协、奶农反映，奶业形势严峻，原料奶相对过剩，压力传导至养殖端，使在盈亏线上挣扎的养殖场越发困难。

寒气从养殖企业继续往下传递。骏宝宸公司与某大型牧场全年协议送货量为 16 412 t。2023 年 2 月份，共送全株青贮裹包 49 车、1 637 t，拒收量 22 车、736 t，拒收量占当月送货量的 44.9%，同比上月拒收率 44.9%，同比全年拒收率 4.48%；养殖企业为了减压提高了标准，也在转嫁成本。

骏宝宸公司上游面对的是千家万户的饲草种植农户。从 2021 年开始，复合肥涨价幅度达 40%以上，种子涨价 15%，柴油持续涨价导致农机作业成本上涨 20%。如果是流转土地，租地成本上涨50%~100%，种植的利润在收窄，产业链条从上下游两端挤压饲草企业的生存空间。

作为国家乡村振兴和农业农村的重要支柱产业，我国各类养殖业绝大多数是中小养殖户，逐利资本的介入，加剧了行业内卷，把大量中小养殖户逼退，草牧业的发展已经处在一个兴衰攸关的关键节点。

《国务院办公厅关于促进畜牧业高质量发展的意见》对健全饲草料供应体系提出了明确要求。随着乡村振兴的全面推进，脱贫地区牛羊等特色产业不断发展壮大，为饲草产业发展提供了强大动力。2022 年 11 月 30 日发布的《国家乡村振兴局、农业农村部关于鼓励引导脱贫地区高质量发展庭院经济的指导意见》中也将发展庭院特色养殖列为重点之一。这两个意见为草牧业的发展指明了方向。骏宝宸公司的经营方略是保留产能，适度发展，并继续在产业链上扩大合作领域，以提高抵御风险能力。经过这几年的经营实践，骏宝宸公司与大型规模化牧场的合作稳定，能够持续提供足量优质产品。但由于其管理机制和人员变动频繁等原因，所形成的也仅是商品链的利益关系。而真正融入情怀价值的还是那些从一而终的中小养殖户。但中小养殖户多数技术欠缺、管理粗放，对于占养殖成本70%以上的饲草料的配比和质量重视不够，因此需要通过引导和对比实验，帮助初创养殖企业明确行业细分，发挥饲草龙头企业在饲草加工、大宗原料采购、饲喂技术方面的优势，通过全混日粮发酵饲料降低养殖成本，提升养殖户的经济效益。

从目前养殖业的状况来看，小养殖户的养殖规模并非越大越好。盲目扩大规模，反而可能因疫病、环保、资金、产出质量、市场波动等问题而濒临倒闭。近两年来，骏宝宸公司频繁走访中小养殖户，探讨饲喂模式的变革，根据现状，公司提出了以下 3 种有效促进草牧业发展的思路。

（1）适度规模养殖，建设人工草场+优质饲草补饲模式。在远郊农村、脱贫地区、山坡区，围栏建设人工草场进行放养，枯草期由饲草公司进行补饲。

（2）生态养殖，精细管理，品质取胜模式。中小养殖场走个性化、特色化、定制化、特优化的道路，主打本地优良品种，走高端性价比路线。

（3）资金分担，深度融合模式。养殖户每年青贮压窖占用资金量大，开窖后由于发霉和饲喂浪费造成的损失最多达20%以上。建议这些养殖户将部分青贮压窖资金放到饲草加工企业，减轻全年储备青贮的资金压力，确保产品质量。后期购买饲草与出栏协调同步，进一步减轻资金压力。

充分利用两个意见的政策支持，在饲草种植适宜区、养殖优势区，引导山坡区、脱贫地区农户和有认知、有意愿、有能力、有年龄优势的返乡人员，采用放养+补饲的养殖方式。骏宝宸公司将利用产品原料优势和技术力量，科学配伍饲草型发酵全混日粮+配送服务，帮助养殖户合理计算养殖密度，降低养殖成本，提高畜禽产品产出质量。

对于饲草企业来说，短期内需通过研判养殖业的发展调整生产经营方向，长期来看，则需依靠集约化、标准化、持续改善以及与养殖企业的深度融合，来共渡难关。以期实现乡村振兴、以草促牧、草牧并举，推动饲草产业健康有序发展。同时，呼吁草牧业相关领域的有识之士推动建立国家级饲草储备中心，创新饲草市场调节机制，形成保供稳价的“缓冲器”。

参考文献

曹兵海，曹建民，李俊雅，等，2024. 2023 年度肉牛牦牛产业与技术发展报告［J］. 中国畜牧杂志，60（3）：335-338.

李军，金海，2024. 2023 年我国肉羊产业发展概况、未来发展趋势及建议［J］. 中国畜牧杂志，60（3）：322-328.

李胜利，姚琨，刘长全，等，2024. 2023 年度奶牛产业与技术发展报告［J］. 中国畜牧杂志，60（3）：338-341.

一季变两季　时间换空间
——冬闲田种植饲用小黑麦　实现生态生产双丰收

杨志斌

（金牧源种植有限公司）

摘要：粮食安全是“国之大者”，保障粮食安全更在于保障饲料粮安全。2024 年中央一号文件提出“树立大农业观，大食物观，多渠道拓展食物来源”。山西省冬闲田资源丰富，科学利用冬闲田种植饲草是保障大食物安全的重要措施。饲用小黑麦具有“产量高、抗性强、适应广”等特点，可利用冬闲田广泛种植，体现出“一季变两季　时间换空间”的独特优势。近年来，山西省在保障粮食安全的背景下，因地制宜地探索形成了“玉米+饲用小黑麦”一年两作种植模式，有效缓解冬春季饲草不足，减少了对进口饲草的依赖，促进了经济内循环，提升了社会经济效益。同时，饲用小黑麦秸秆还田可以有效提高土壤有机质，发挥生态效益。综上所述，冬闲田种植饲用小黑麦可以实现生产生态双丰收。

关键词：粮食安全；饲用小黑麦；冬闲田；一年两作

引言

民以食为天。我国粮食产量已连续 9 年保持在 6.5 亿 t 以上，但“人畜争粮”问题仍依然突出。保障粮食安全的压力不只在于口粮安全，更主要在于饲料粮安全。2022 年，我国进口大豆9 108万 t，其中饲用8 024万 t，占比 88.1%；进口谷物5 597万 t，其中饲用4 547万 t，占比 81.3%。减少饲料粮进口的关键在于发展牧草产业。目前，优质饲草存在近5 000万 t 的缺口，山西省饲草缺口也接近 500 万 t。山西省冬闲田资源丰富，仅太原盆地玉米收获后的冬闲田面积就达 330 万亩。如何利用好冬闲田资源，是山西省严守耕地红线、保障粮食安全的重要环节。2024 年中央一号文件提出树立大农业观、大食物观，多渠道拓展食物来源，因此，科学利用冬闲田种植优质饲草是保障大食物安全的重要措施。已有研究和实践证明，饲用小黑麦可利用冬闲田广泛种植，展现出“一季变两季　时间换空间”的独特优势。

1　当前冬闲田利用现状

当前，冬闲田已成为制约农业增产、农民增收的重要因素。进入21世纪后，随着市场经济的不断完善和发展、城市化进程的加速以及人口的不断增长，农田面积不断减少，一些农田在冬季闲置，严重浪费资源。冬闲田主要集中在农村地区，很多农民选择不种植作物，导致大量农田在冬季长时间闲置。由于冬季农作物种植受限，很多农民只进行基本的管理工作，丧失了挖掘冬闲田潜力的机会。此外，冬闲田管理不善还容易造成土壤质量下降。冬季农田长时间没有种植作物，会导致土壤水分和养分流失，加上缺乏有效管理，使得冬闲田土壤质量逐渐下降，不利于生态发展。冬季不进行种植，为保障来年墒情，需进行冬季灌溉。而山西地区冬季较为干旱，缺乏水资源，传统的一年一作加冬季灌溉模式无疑是对资源的浪费。冬闲田逐渐增多，不加利用的冬闲田逐年增加，已经成为制约农业产出效率的主要因素。

合理利用冬闲田资源，可以提高土地利用率，增加农产品产量，优化农业产业结构，促进农业的可持续发展，开发利用冬闲田具有较高的发展潜力。冬闲田可用于种植冬季作物，通过种植冬季作物，可以增加农田产量，提高农田的经济效益。合理利用冬闲田资源，不仅可以提高土地利用率，还可以增加农产品产量，促进农业的可持续发展。因此，应根据实际情况，制订合理的冬闲田利用实施方案，充分发挥冬闲田的潜力，实现农业生产的可持续发展。

2　山西省农业背景

山西省是中国的农业大省，属大陆性季风气候，全省四季分明，冬季寒冷干燥，夏季暖热多雨，日照充足，有利于多种农作物的生长栽培。当前我国农业发展正处在传统农业向现代农业转型的阶段，推进优势农产品区域布局是实现农业现代化的重要举措和基础工程，是深化农业结构战略性调整的重要任务。随着我国农业现代化进程的推进，合理利用土地资源，提高土地利用效率成为当前农业发展的重要课题。山西省的传统农业模式为一年一作，冬季是农田休耕的时节，但是冬闲田的利用是农业生产的重要环节。

3　“玉米+饲用小黑麦”轮作模式介绍

“玉米+饲用小黑麦”轮作模式，是指在秋季利用冬闲田播种饲用小黑麦，来年夏季收割后复播玉米，打破传统种植模式，实现“一年两作”。该模式充分利用冬季闲田多收一茬饲草，提高单位面积的饲草产量，大幅度提高土地产出率、资源利用率和劳动生产率。一方面通过利用冬闲田将土地利用价值最大化，在原有种植习惯基础上增加一茬经济效益；另一方面提高土地高质量发展水平。

“玉米+饲用小黑麦”轮作模式在2022年首次提出并进行了试验，截至2023年6

月底，该模式整体运作可行性较大。在不考虑客观因素、不可抗力等的前提下，从作物的“种植—收割—种植”窗口期可以很好衔接，且两种作物对土地有机质、营养成分的吸收和补充形成了互补关系，不会造成土地营养流失而导致土地贫瘠，可使土地能够实现可持续发展。在病虫害方面，小黑麦与玉米之间并无直接相克关系，且收割完小黑麦后再进行玉米种植，正好错过玉米“地老虎”的高发期。

4 饲用小黑麦优点介绍

饲用小黑麦是一种新型优质饲草，由小麦属和黑麦属物种经属间杂交，以饲用性状为主要选育目标进行定向培育而成的一年生越冬性秋播冷季型饲草。其株型紧凑、叶片大、叶量多、品质优，株高 150~180 cm，茎秆较粗壮，分蘖性强，抗逆性强。饲用小黑麦遗传了黑麦的优异性状，具有较强的抗旱性、抗寒性、耐盐碱性，具有改良盐碱地的作用，矿区复垦地、撂荒地都可种植。饲用小黑麦在水肥条件好的情况下，亩产鲜草可达3 000 kg以上，干草量高达 750 kg 左右，产草量高于冬牧 70 黑麦和燕麦。小黑麦结合了小麦和黑麦的优点，杂种生长优势强，茎叶生长繁茂，植株高，籽粒蛋白质含量为 10.1%~20.2%，高于小麦 30%左右。扬花期收割时，粗蛋白含量可达 10%~12%，抽穗期收割粗蛋白含量可达 17%以上，与小麦籽粒粗蛋白含量相当，高于玉米籽粒及全株青贮玉米，且抗疫性强，具有充分的生长竞争优势。冬闲田种植饲用小黑麦，种植范围广，且不与粮争地，充分利用冬闲田，由“一年一作”变为“一年两作”，带来经济效益的提升。

5 饲用小黑麦种植技术介绍

针对试验地区（清徐）的土壤情况，以下种植技术可供参考：根据秋收后土壤情况，选择性进行深松，然后进行犁地、整地、撒肥、播种等作业。当土壤含水量较大时，整完地进行晾晒 0.5~1 d，墒情适合时进行撒肥播种。针对清徐地区土壤情况，底肥可用每亩 25 kg 硝酸磷肥（N：P：K=25：10：0）。播种时采用动力耙+播种的方式，可有效改善播种质量。播种时间可选择在 9 月中旬开始，播种量随种植时间推后而增加，一般每推后 5 d，播种量增加 1 kg；11 月份，根据雨水情况，选择性进行灌冬水；次年 1 月中旬，根据土壤裂缝程度进行耙耱保墒；2 月中下旬（土壤层化冻 4~5 cm）时，进行机播旱追肥，亩施硝酸磷肥（N：P：K=25：10：0）25 kg。返青期进行返春水灌溉；拔节期根据地势条件，有选择地进行二水灌溉。5 月中旬开始进行干草收割、打捆储藏。收割后可根据土壤情况直接免耕复播玉米或旋耕后播种。

6 清徐县发展“一年两作”的优势

清徐县农村农户的传统种植方式为一年一作，进入冬季，大片农田闲置，若加以开发利用，在经济与生态效益上均有极大提升。清徐县汾河以东、208 国道以西，以徐沟、西谷、王答、孟封四乡镇为主的汾河灌溉区，地形平坦，土壤深厚、肥沃，水源丰富，灌溉便利，气候条件允许实现玉米与饲用小黑麦连作。种植过程中可调用多种中大型农业作业机械设备，全程实现机械化、规模化、集约化生产作业。

7　“一年两作”种植模式的风险点及措施

“一年两作”种植模式在一年的时间中要完成两轮农作物的耕、种、防、收的所有环节，因此对各个环节时间节点的把控，以及各环节作业的时效、质量等均有较高的要求，首要风险点是天气问题。由于不可控的天气因素影响，可能导致各个环节作业时间滞后，耽误农时。抢抓好农时对于农业生产来说非常重要，因为这决定了种植作物的最终收成。如果错过最佳农时，可能导致作物生长不良，严重影响产量和品质，所以防范天气原因带来的风险尤为重要。因此在种植期间，技术团队不仅要时刻关注种植区内的天气情况，也要针对往年天气情况做出相应的提前预防及技术应对措施，根据天气情况做出精细化的水肥管理，同时制定完备的应急预案，从而保障整个种植过程的正常进行。

“一年两作”种植模式的另一项风险是进度风险。在大规模种植时，各个作业环节的作业效率同样影响着整个种植期的进度。以饲用小黑麦收割环节为例，在大规模收割时，若收割作业效率低，或者由于进度计划等原因导致收割时间过长、延期等情况，将延误复播玉米的时令，影响第二轮复播玉米的生长，甚至严重影响产量。因此，在实施种植作业前，技术团队要制订详细的进度计划，并在具体实施过程中及时调整优化进度安排。同时，在各个作业环节的团队选择、农机投入上也要考虑进度问题，选择服务能力强的作业团队，投入高端农机。目前，针对小黑麦播种作业较为先进的农机为雷肯Solitair系列播种机，搭配雷肯驱动耙可同时进行整地播种；而在小黑麦收割环节，爱科麦赛福格森品牌的自走式割草压扁机、打捆机较为先进。

大规模推广“一年两作”种植模式，还将面临田间管理上的问题，尤其是作物生长期的水肥管理、除草、病虫害防治等方面，要做到及时准确。在田间管理上，不仅要制定详细的田间管理方案，还要不断提高全体管理人员的技术素质，对岗位职工进行上岗技术培训，做到及时反馈、准确采取措施。同时在田间管理上，也能以农业大数据智慧管理平台为抓手，利用现代农业科学技术，运用节水节能等技术设备，通过精量播种、精量施肥、绿色病虫害防控、智能化设备和平台等，做到田间精细化管理，达到增产增收的效果。

饲用小黑麦的灌溉尤为重要，应根据土壤墒情浇水，促使小黑麦根系发达和生长旺盛。在有灌溉条件的地块要浇越冬水和返青水，氮肥结合浇返青水时则根据田间生长状况酌情追施。为防止倒伏，制种田可晚浇返青水或压麦控制第一节间长度，还可用石磙镇压麦苗，使麦苗多发蘖，增加小黑麦穗数。灌溉过程避免水浸和水涝，水浸会导致土壤中的氧气供应不足，影响根系呼吸和养分吸收；水涝则会导致小黑麦受到淹没，阻碍光合作用和生长过程。过度积水或水涝会增加小麦患病的风险，并有利于病菌的传播。湿度高和水分过多的环境有助于真菌和细菌繁殖，引发小黑麦病害。因此，灌溉过程中一定要做好排退水措施。

“玉米+饲用小黑麦”轮作模式对种植作物的品种要求很高。由于小黑麦收割后复播玉米的时间晚于单季种植玉米春播的时间，因此复播玉米应选择适宜在5月中旬之后播种、9中旬之前成熟的品种，积温一般在2 600~2 700℃。在此基础上，选择生物产量高、抗病抗倒性强的优质品种。若播种期推迟，则根据实际播种日期，选择积温较小的品种。

对于小黑麦品种的选择，以下试验可供参考：为研究山西饲用小黑麦的生育期、农艺性状和营养品质，从而筛选出适宜山西太原种植的高产、稳产、优质的饲用小黑麦品种。为鉴定不同饲用小黑麦品种的综合表现，筛选出适合山西大面积生产种植的小黑麦新品种，于2022—2023年在清徐县开展了23个饲用小黑麦新品种品比试验。本试验采用完全随机区组试验设计（共80小区），4次重复，田间管理同大田生产。主要观测各个参试品种的生育期、越冬率、抗倒性、株高、叶茎比以及产草量，以期研究并分析出最适宜该地区大面积生产种植的饲用小黑麦新品种。23个参试品种包括：神农1号、西贝3号、冀饲4号、晋饲草1号、优星、1048、冀饲黑麦、冀饲1号、冀饲2号、西贝4号、甘农2号、西贝7号、临草2号、5042、3297、优能、石大1号、冬小麦、黑小麦、小黑麦、黑麦、黑麦草、冀饲3号。小黑麦品种试验：100个小区，每个小区12 m^2，共23个参试品种，主要观测各个参试品种的生育期、越冬率、干鲜比、叶茎比以及产草量，以期选择出最适宜地区大面积生产种植的饲用小黑麦品种。试验结果显示，‘晋饲草1号’越冬率最强，显著高于其他品种；生育期方面，‘冀饲黑麦’（209 d）最短；产量方面，‘冀饲2号’产量最高，‘中饲5042’产量最低；叶干重占叶茎总重百分比最高的是‘中饲5042’；‘晋饲草1号’干鲜比最高，越不容易变质，储藏运输时间越长。

综上所述，饲用小黑麦种植地要选择土壤肥沃、排水良好的田块，避免选择湿地或积水地块。同时，确保种植期间有良好的管理措施，及时浇水、施肥，保持田面湿润和土壤养分充足，严格控制杂草和病虫害的发生，加强田地管理和保护。

8 “一年两作”种植模式效益

“饲用小黑麦复种玉米一年两作”高效生产的可持续发展模式，充分利用冬季闲田多收一茬饲草，提高单位面积的饲草产量，大幅度提高土地产出率、资源利用率和劳动生产率，提高农民和农业技术人员的素质，带动农业产业结构调整。利用冬闲田种植小黑麦，一方面，能够通过利用冬闲田将土地利用价值最大化，增加单位面积产量，在不减少粮食产量的基础上，增加一季饲料的产量，增加经济收入。小黑麦适宜在华北、西北等地利用冬闲田进行种植，解决冬春季饲草不足的问题，减少对进口饲草的依赖，促进经济内循环，提升社会经济效益。另一方面，小黑麦秸秆还田可以有效提高土壤有机质，小黑麦复种玉米，可为玉米提供营养成分，减少相关化学肥料的补充，从而提高经济效益。

利用冬闲田种植饲用小黑麦，不仅能够较充分地利用土地面积，还会改良土壤条件。小黑麦整个生育期都无需使用农药防治杂草，可有效解决农田环境污染及连续耕作引起的土壤营养偏好和病虫害滋生等问题。冬季气温偏低，大多数作物无法种植，土地覆盖率低。种植小黑麦可以有效提高土地覆盖率，具有很好的防风固土作用，既涵养水源、保持水土，又防治风沙，保护农田，具有重要的生态效益。在冬季和初春，大多数植物（包括树木、花草）都在休眠，不进行光合作用，只进行呼吸作用，只消耗氧气而不释放氧气，减少了空气中氧气含量。而小黑麦在这期间能通过光合作用释放氧气，调节氧气平衡，同时能通过蒸腾作用释放水蒸气，增加空气湿度，使局部空气清新爽朗。

冬季处于农闲时期，劳动力剩余。利用冬闲田种植小黑麦，可以很好地利用冬季农闲时期，分解农忙期，使农村剩余劳动力得到充分利用，甚至可起到稳定农村社会的作用。

综上所述，冬闲田种植小黑麦，不仅能够取得较高的经济效益，而且会取得较好的生态效益和社会效益。它充分利用自然资源，提升生态效益，使粮食增产、农民增收，保障国家粮食安全。因此，种植小黑麦在政治、经济、作物环境和人民生活诸方面都具有重要意义，应该得到推广。

附　录

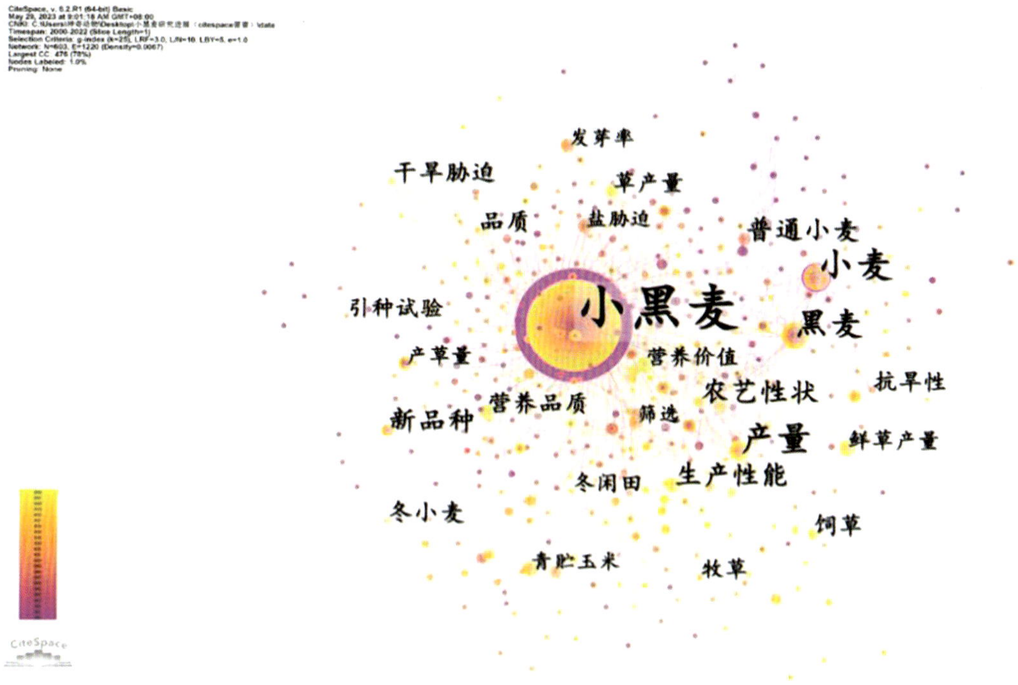

彩图 1　2000—2022 年小黑麦领域主要关键词共线图谱

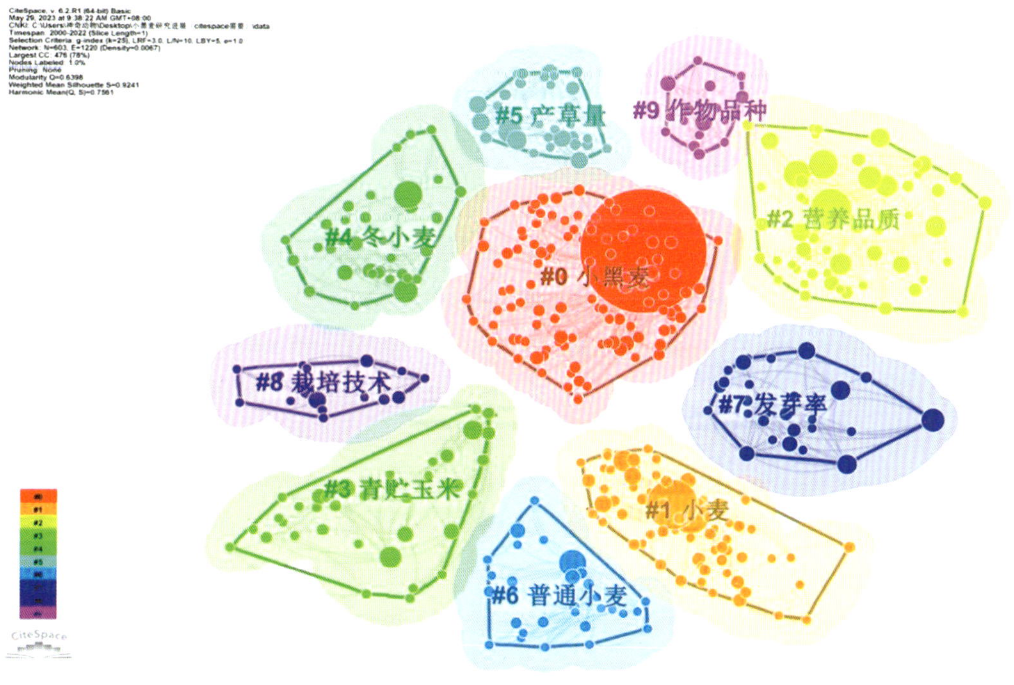

彩图 2　2000—2022 年小黑麦领域主要关键词聚类图谱

彩图 3　饲用小黑麦品种筛选

彩图 4　饲用小黑麦精量播种

彩图 5　饲用小黑麦返青后灌溉

彩图 6　饲用小黑麦机播旱追肥作业

彩图 7　饲用小黑麦耙耱保墒

彩图 8　无人机喷施叶面肥

彩图 9　饲用小黑麦加工干草

彩图 10　饲用小黑麦收获和裹包青贮加工

彩图 11 饲用小黑麦长势

注：山西惠泽农事服务有限责任公司青贮基地（2023 年 5 月 8 日）。

彩图 12 饲用小黑麦相对叶绿素含量分布

注：山西惠泽农事服务有限责任公司青贮基地（2023 年 5 月 8 日）。

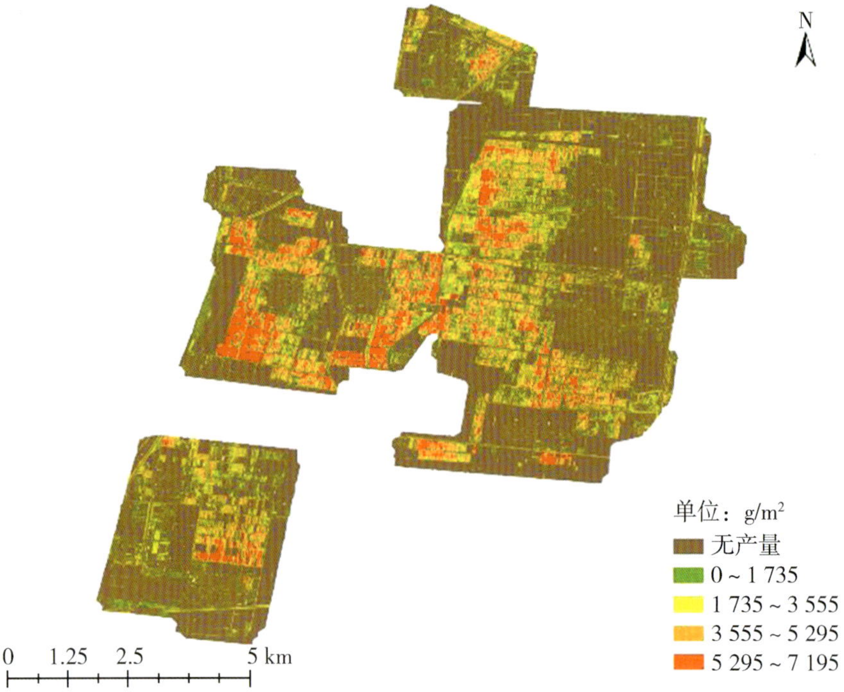

彩图 13　饲用小黑麦鲜重产量

注：山西惠泽农事服务有限责任公司青贮基地（2023 年 5 月 8 日）。

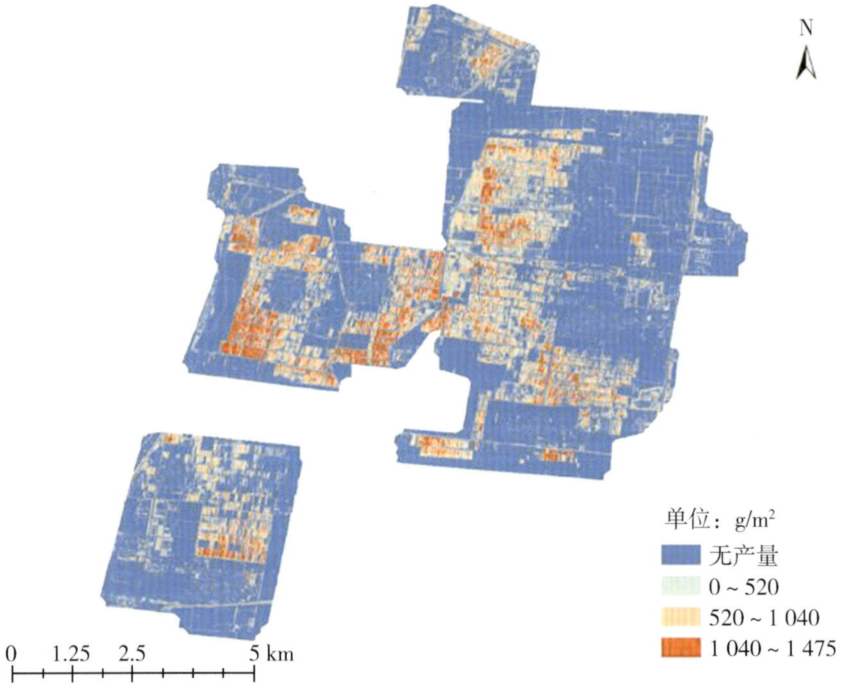

彩图 14　饲用小黑麦干重产量

注：山西惠泽农事服务有限责任公司青贮基地（2023 年 5 月 8 日）。

山西省牧草产业技术体体系首席科学家侯向阳指导饲用小黑麦工作

国家牧草产业技术试验站站长刘贵波指导工作

甘肃农业大学杜文华教授指导饲用小黑麦工作

省畜牧推广中心侯东来副主任在灵石县指导饲用小黑麦测产

在栓社县、高平市开展一年两作生产模式推广

在平遥县、介休市开展一年两作生产模式推广

彩图 15　饲用小黑麦技术指导和宣传

山西神农集团清徐县饲用小黑麦协同推广项目基地

朔州市骏宝宸农业科技股份有限公司平遥县饲用小黑麦协同推广项目基地

榆次区饲用小黑麦协同推广项目基地

灵石县鑫奥特农业开发有限公司饲用小黑麦协同推广项目基地

彩图 16　饲用小黑麦示范基地观摩

彩图 17 推广示范单位子林养殖合作社新购的150 t 小黑麦干草

彩图 18 饲用小黑麦饲喂肉羊技术示范

彩图 19 专业化种收储模式 1

彩图 20 专业化种收储模式 2

彩图 21 社会化生产服务组织与农户种草结合

彩图 22 种养加结合模式

彩图 23 种草帮扶模式

彩图 24 旋耕灭茬

彩图 25 凯斯 210 拖拉机

彩图 26 马斯奇奥深松犁

彩图 27 青贮玉米宽窄行种植

彩图 28 土壤封闭除草

彩图 29 青贮玉米中耕追肥

彩图 30 全株青贮玉米收获

彩图 31 生物降解渗水地膜穴播燕麦

彩图 32 玉米 + 大豆套作种植

彩图 33　生物降解渗水地膜穴播燕麦长势比较

彩图 34　玉米 + 大豆套作长势